Christian Schlieder

Autodesk® AutoCAD® 2012

Digitale Fabrikplanung

Grundlagen in Theorie und Praxis.

Christian Schlieder

Autodesk® AutoCAD® 2012

Digitale Fabrikplanung

Grundlagen in Theorie und Praxis.

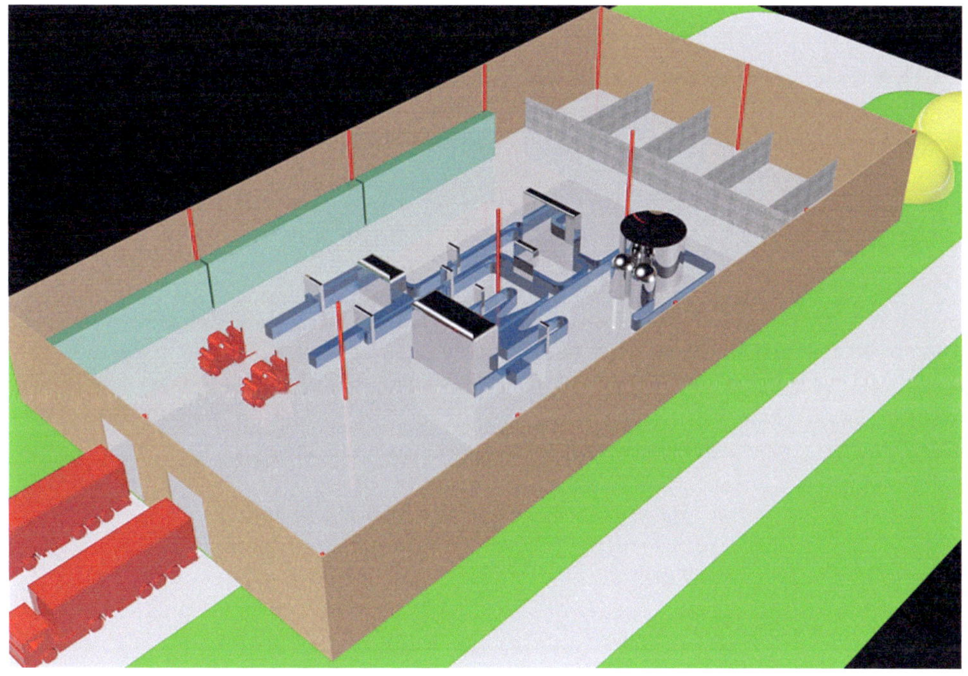

Weiterführende Literatur

AutoCAD® 2012 Das Grundlagenkompendium	Inventor 2012® Grundlagen in Theorie und Praxis	Inventor® 2012 Das Grundlagenkompendium

ISBN: 9783842373594 29,90 Eur	ISBN: 9783842369160 24,95 Eur	ISBN: 9783842366572 29,90 Eur

Frontal-Schulung

Frontal-Schulungen können in Ihrer Firma oder in unseren Räumlichkeiten in Berlin stattfinden. Jeder Teilnehmer erhält eigene Schulungsunterlagen, welche sukzessive abgearbeitet werden. Der Trainer wird Fragen direkt und ausführlich an den einzelnen Arbeitsplätzen klären, somit ist eine intensive und individuelle Betreuung möglich.

Gern senden wir Ihnen einen Kostenvoranschlag.

Kostenlose Video-Tutorials auf YouTube.com

Viele Übungen aus unseren Büchern stehen kostenlos als Video-Tutorial auf der folgenden Website zur Verfügung:

http://www.youtube.com/user/DerCADTrainer

Autodesk

Authorised Author

Alle im Buch enthaltenen Informationen wurden nach bestem Wissen und Gewissen geprüft. Da Fehler nicht ausgeschlossen werden können, übernehmen Autor und Verlag weder Verantwortungen, Verpflichtungen oder Garantien jeglicher Art, noch Haftung für die Benutzung der bereitgestellten Informationen.

Autor und Verlag übernehmen keine Gewähr dafür, dass die beschriebenen Vorgehensweisen oder Verfahren frei von Rechten Dritter sind.

Das Werk ist urheberrechtlich geschützt. Übersetzung, Nachdruck, Vervielfältigung, sonstige Verarbeitung des Buches oder von Teilen daraus sind ohne Genehmigung des Autoren nicht erlaubt.

Autodesk® AutoCAD® 2012 ist ein eingetragenes Markenzeichen von Autodesk, Inc., und/ oder seiner Tochtergesellschaften und/ oder der Tochterunternehmen in den USA und anderen Ländern.

ISBN

9783844811193

IMPRESSUM

Ingenieurbüro Schlieder
www.Ingenieurbuero-Schlieder.de
Fax: +49 (0) 3212 - 1122290

HERSTELLUNG UND VERLAG

Books on Demand GmbH, Norderstedt
www.BoD.de

INHALTSVERZEICHNIS

1 Einleitung

1.1 Zielsetzung

Dieses Buch richtet sich an alle interessierten Personen jeglicher fachlicher Bereiche. Es ist logisch aufgebaut und versucht dem Leser, anhand des Übungsbeispiels einer digitalen Fabrikplanung, das Programm **Autodesk® AutoCAD® 2012** näher zu bringen. In kleinen Abschnitten, wird der Leser verschiedene Vorgehensweisen und Befehle kennenlernen und schrittweise nacharbeiten können.

Sie werden in den Arbeitsbereichen **Zeichnung & Beschriftung** sowie **3D-Grundlagen** arbeiten. Nachdem die technischen Randbedingungen des Planungsbeispiels definiert und grundlegende Programmeigenschaften erläutert wurden, starten Sie mit der Umsetzung des Planungsbeispiels in 2D. Die Fabrik wird in mehreren Schritten und unter Verwendung verschiedener Befehle gezeichnet, zusammengesetzt und anschließend in den Papierbereich übertragen, um sie für den Druck vorzubereiten. Abschließend wird die Fabrik als 3D-Modell erzeugt, mit realistischen Texturen versehen und als Grafik gerendert.

Um das Buch in seinem Umfang nicht zu groß und unhandlich werden zu lassen, wurden nicht alle Bereiche des Programms behandelt. Es wird Ihnen empfohlen, die Befehlsketten des Buches sporadisch zu verlassen und intuitiv eigene Versuche zu starten. Grundlegend ist das Buch an den Aufbau des Programms angepasst. Programmaufbau, Arbeitsbereiche, Register, Befehlsgruppen und Befehle werden strukturiert aufgelistet und erläutert. Jeder verwendete Befehl wird kurz erklärt und anschließend mit einer praktischen Übung gefestigt.

1.2 Übungsordner und Übungsdateien
1.2.1 Erzeugen Sie einen Übungsordner auf Ihrem PC

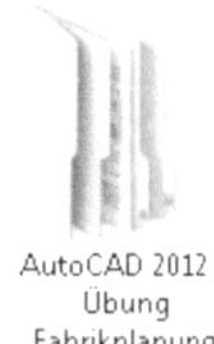

AutoCAD 2012 –
Übung
Fabrikplanung

Um die Übungen aus diesem Buch durchführen zu können, sollten Sie sich auf ihrem PC, an geeignetem Speicherort einen neuen Ordner anlegen. Nennen Sie diesen Ordner **AutoCAD 2012 – Übung Fabrikplanung**.

Erzeugen Sie innerhalb dieses Ordners einen weiteren Ordner **Download**. Hier sollen die zum Buch gehörenden Dateien abgelegt werden, welche kostenlos von der folgenden Website geladen werden können.

1.2.2 Download der zum Buch gehörenden Übungsdateien

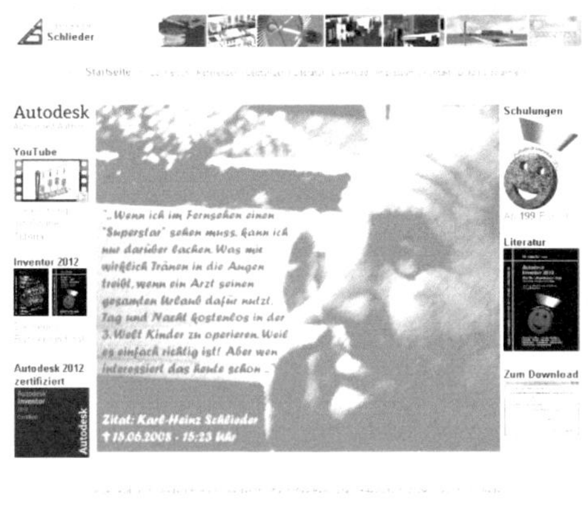

http://www.Ingenieurbuero-Schlieder.de

Um die Übungen aus diesem Buch durchführen zu können, benötigen Sie Übungsdateien, welche Sie unter dem folgenden Weblink kostenlos auf Ihren PC laden können:

http://www.ingenieurbuero-schlieder.de

Wählen Sie im Register **Download** das entsprechende Buch und speichern Sie die Datei in den soeben erzeugten Ordner **Download** auf Ihrem PC.

Die Datei muss anschließend entpackt werden. Auf der Website finden Sie Hinweise hierzu. Speichern Sie die Daten aus der Datei ebenfalls in den Ordner **Download** auf Ihrem PC.

1.2.3 Kostenlose Video-Tutorials zum Buch

Kostenlose Video-Tutorials zu AutoCAD® und Inventor® finden Sie im Internet unter:

- **http://www.youtube.com/user/DerCADTrainer**

1.2.4 Verwendete Abkürzungen

In diesem Buch werden die folgenden Abkürzungen verwendet:

BG	Befehlsgruppe	**TM**	Transportmittel
BM	Betriebsmittel	**UZS**	Uhrzeigersinn
Entf	Taste Entfernen	**WA**	Warenausgang
Enter	Taste Enter	**WE**	Wareneingang
Esc	Taste Escape	**Z. B.**	Zum Beispiel
Ggf.	Gegebenenfalls		

2 Randbedingungen definieren

2.1 Randbedingungen des Planungsbeispiels

Grundlegend sind bei der Planung einer Fabrik folgende Parameter zu beachten:

- Produkt
- Betriebsmittel
- Transportmittel
- Lagerbereiche
- Sozialtrakt
- Hallenaufbau
- Außenbereich (Grundstück)

- Qualitätssicherung
- Material- und Personalfluss
- Energie- und Informationsfluss
- Kosten- und Personalanalyse
- Anforderungen an den Standort
- Gesetzliche Bestimmungen

Die Fabrikplanung in unserem Übungsbeispiel wird sich rein auf die zeichnerische Umsetzung mit der Software **Autodesk® AutoCAD® 2012** beschränken. Daher sind lediglich die folgenden Bereiche von Interesse:

- Produkt
- Betriebsmittel
- Transportmittel
- Lagerbereiche

- Sozialtrakt
- Hallenaufbau
- Außenbereich

2.2 Produktbetrachtung

Gefüllter Kasten mit 4 x 3 Glasflaschen

In unserem Planungsbeispiel, soll eine Abfüllanlage für Quellwasser entstehen. Das Quellwasser kommt aus einer nahegelegenen Quelle, soll in Glasflaschen abgefüllt werden, welche in Kunststoffkästen gesetzt und auf Europaletten gestapelt werden. Flaschen und Kästen werden auf Paletten als Leergut angeliefert und müssen vor der Füllung gereinigt werden. Das Quellwasser soll zwischen Quelle und Abfüllung, in Wasserspeichern (Tanks) zwischengelagert werden.

2.2.1 Quellwasser

Abmessungen:
- Keine

Anlieferung:
- Wasser wird zum Fabrikgelänge gepumpt

Bearbeitung:
- Quellwasser in Wasserspeicher zwischenlagern

2.2.2 Glasflaschen

Abmessungen:
- Durchmesser: 100 mm

Anlieferung:
- Flaschen befinden sich in Kunststoffkästen
- Schraubverschlüsse wurden bereits entfernt
- Flaschen verschmutzt (innen und außen)

Bearbeitung:
- Flaschen aus Kästen heben
- Flaschen auf gefährliche Verunreinigungen (Gifte), enthaltene Feststoffe und Beschädigungen prüfen, ggf. aussortieren
- Flaschen reinigen (Laugenbad mit anschließender Wasserspülung)
- Flaschen erneut prüfen
- Flaschen füllen, verschließen und etikettieren
- Flaschen zwischenspeichern

2.2.3 Kunststoffkästen

Abmessungen:
- Länge x Breite: 400 x 300 mm (Höhe nicht relevant)

Anlieferung:
- Kästen verschmutzt
- Kästen befinden sich auf Europalette (1200 x 800 mm)

Bearbeitung:
- Kästen von Paletten heben
- Flaschen aus Kästen heben
- Kästen reinigen
- Kästen zwischenspeichern

2.2.4 Paletten

Abmessungen: • Länge x Breite: 1200 x 800 mm

Anlieferung: • Paletten werden mit Leergut auf LKW angeliefert

Bearbeitung: • Kästen und Flaschen von Palette heben
                 • Paletten zwischenspeichern

2.3 Einteilung der Bereiche

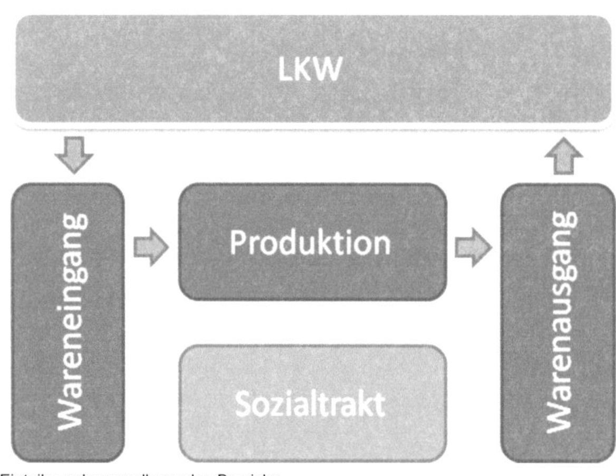

Einteilung der grundlegenden Bereiche

Grundlegend verläuft der Materialfluss vom LKW über den Wareneingang (Lager), die Produktion, den Warenausgang (Lager) und wieder zurück zum LKW.

Maßgeblich für die Planung der notwendigen Größe der Fabrikhalle, ist die Produktionslinie. Sie bestimmt neben der benötigten Hallengröße, die Anordnung der einzelnen Bereiche innerhalb der Fabrikhalle.

2.4 Betriebsmittel

2.4.1 Maschinen und Anlagen der Produktionslinie

Der Produktionsbereich wird Form und Aufbau der Fabrikhalle, sogar des Außengeländes bestimmen. Aufbau, Größe und Form der Produktionslinie, werden durch die notwendigen Betriebsmittel beeinflusst. Eine Produktionsanlage benötigt an Betriebsmitteln Anlagen, Maschinen und sonstige Geräte.

Da sich dieses Übungsbuch rein auf die zeichnerische Umsetzung einer Fabrikplanung mit der vorliegenden Software konzentrieren wird, sollen im Planungsbeispiel die folgenden Betriebsmittel betrachtet werden:

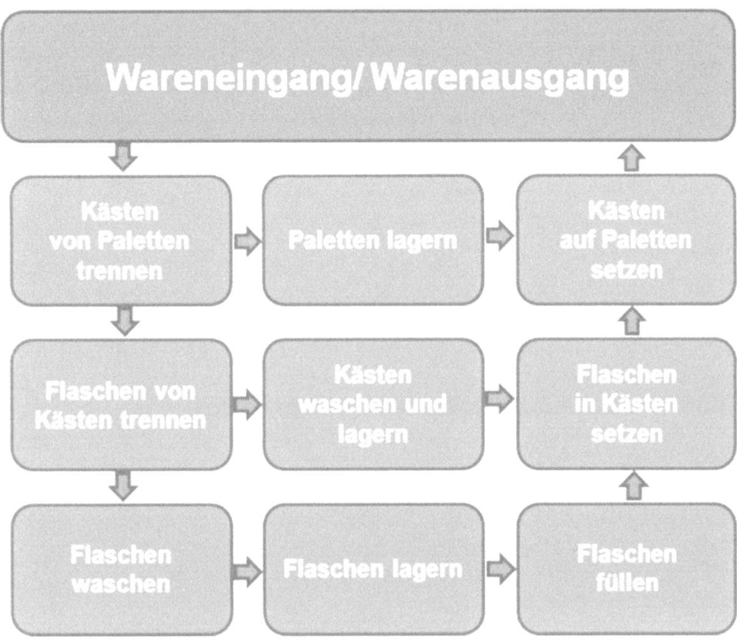

Betriebsmittel (BM) des Produktionsbereiches (schematische Darstellung)

- **BM 1**: Transport Paletten (LKW – Lager – Produktionslinie)
- **BM 2**: Kästen und Flaschen von Paletten trennen
- **BM 3**: Paletten zwischenlagern
- **BM 4**: Flaschen von Kästen trennen
- **BM 5**: Kästen reinigen
- **BM 6**: Kästen zwischenlagern
- **BM 7**: Flaschen prüfen
- **BM 8**: Flaschen zwischenlagern
- **BM 9**: Flaschen reinigen
- **BM 10**: Flaschen füllen, schließen, etikettieren
- **BM 11**: Flaschen in Kästen setzen
- **BM 12**: Kästen und Flaschen auf Paletten setzen

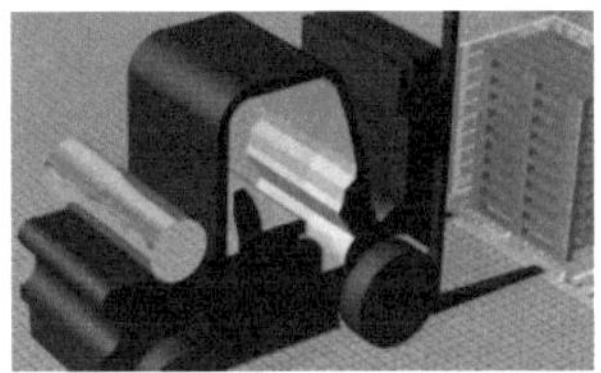

BM 1: Gabelstapler

Entladen der LKW durch handelsüblichen **Gabelstapler** (**BM 1**). Der LKW wird entladen, das Leergut ins Lager oder direkt zur Produktionslinie gebracht.

Die Paletten können vom Stapler direkt auf die Transportbänder gesetzt werden. Im Lagerbereich stehen Regalsysteme zur Aufnahme von Paletten und Leergut zur Verfügung.

Der Transport der gefüllten Flaschen (Produktionslinie – Lager - LKW) wird ebenfalls mit BM1 durchgeführt und muss daher nicht separat betrachtet werden.

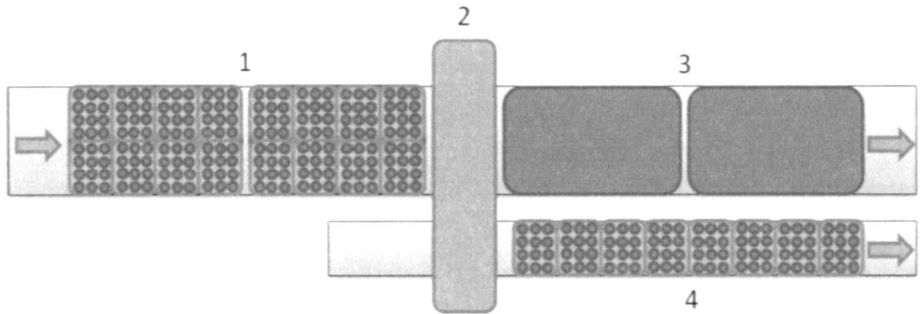

BM 2: Kästen und Flaschen von Paletten trennen

1. Paletten mit Leergut
2. Roboter trennt Kästen (und Flaschen) von Palette

3. Leere Paletten
4. Kästen (und Flaschen)

Die Paletten mit dem Leergut werden auf Rollenbändern zu **BM 2** transportiert. Hier hebt ein **Roboter** die Kästen einzeln von der Palette und setzt sie auf das Kastentransportband.

Die leeren Paletten fahren weiter auf den Rollenbändern in einen **Palettenspeicher** (**BM 3**). Dieser stapelt die Paletten und gibt sie bei Bedarf wieder frei.

2.4.1.4 BM 4: Flaschen von Kästen trennen

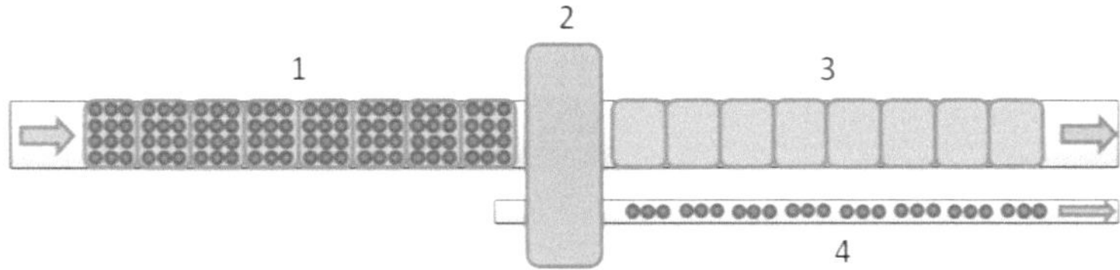

BM 4: Flaschen von Kästen trennen

1. Kästen (und Flaschen)
2. Roboter hebt Flaschen aus den Kästen

3. Leere Kästen
4. Flaschen

Die Kästen (mit Flaschen) werden auf Transportbändern zum **BM 4** transportiert. Hier hebt ein **Roboter** die Flaschen (drei Flaschen je Hub) aus dem Kasten und setzt sie auf das Flaschentransportband.

2.4.1.5 BM 5: Kästen reinigen

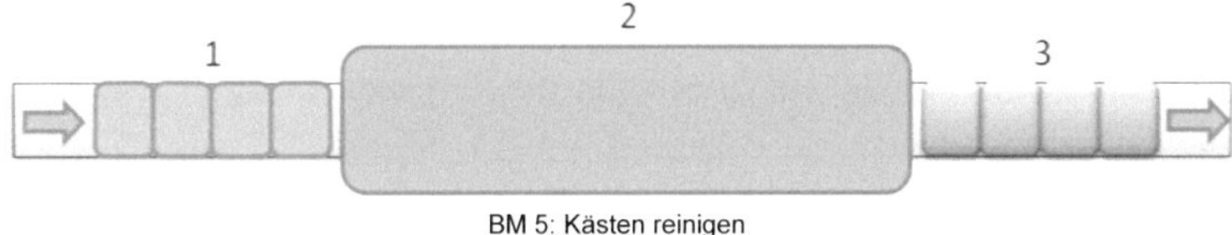

BM 5: Kästen reinigen

1. Kästen vor Reinigung
2. Kastenwaschmaschine

3. Kästen nach Reinigung

Die Kästen werden auf dem Kastentransportband angeliefert und fahren durch eine **Kastenwaschmaschine** (**BM 5**). Bei langsamer Fahrt werden diese gründlich gewaschen.

2.4.1.6 BM 6: Kästen zwischenlagern

Die leeren, bereinigten Flaschen fahren weiter auf dem Kastentransportband in einen **Kastenspeicher** (**BM 6**). Dieser stapelt die Kästen und gibt sie bei Bedarf wieder frei.

2.4.1.7   BM 7: Flaschen prüfen

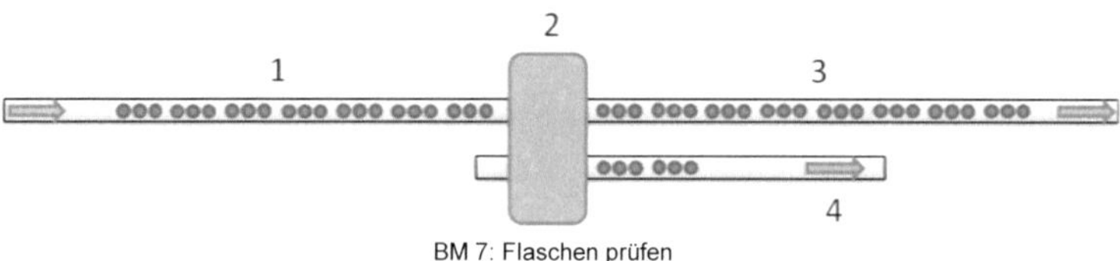

BM 7: Flaschen prüfen

1. Flaschen vor Prüfung
2. Flaschenprüfmaschine

3. Flaschen nach Prüfung
4. Aussortierte Flaschen

Die Flaschen werden auf Transportbändern zu **BM 7** transportiert. Hier kontrolliert eine **Maschine** die Flaschen auf Beschädigungen, gefährliche Inhaltsstoffe und Festkörper. Betroffene Flaschen werden aussortiert, die anderen Flaschen weiter transportiert. Das Prüfen der Flaschen, erfolgt vor und nach der Flaschenreinigung. Hierfür sind zwei identische Maschinen vorgesehen.

2.4.1.8   BM 8: Flaschen zwischenlagern

Die Flaschen werden auf Transportbändern auf einen **Speichertisch** (**BM 8**) transportiert. Dieser nimmt eine große Anzahl an Flaschen auf und gibt sie bei Bedarf wieder frei. Hier können dem System auch neue Flaschen zugegeben werden. Es gibt zwei Speichertische, einen vor und einen nach der Flaschenreinigung. Hierfür sind zwei identische Maschinen vorgesehen.

2.4.1.9   BM 9: Flaschen reinigen

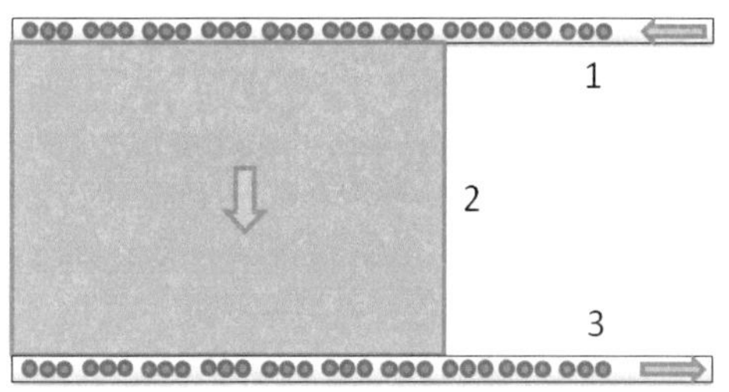

BM 9: Flaschen reinigen

1. Flaschen vor Reinigung
2. Flaschenwaschmaschine
3. Flaschen nach Reinigung

Die Flaschen werden auf Transportbändern angeliefert und in die **Flaschenwaschmaschine** (**BM 9**) transportiert. Die Flaschen werden in Lauge eingeweicht, der Schmutz gelöst und anschließend in mehreren Schritten mit Wasser gespült und gereinigt.

2.4.1.10 BM 10: Flaschen füllen, schließen, etikettieren

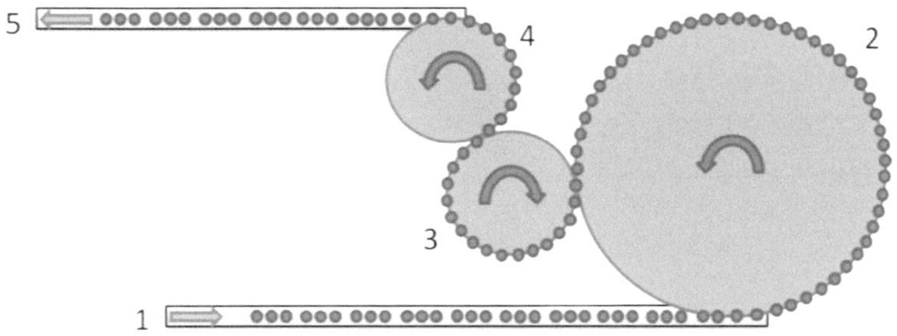

BM 10: Flaschen füllen, schließen, etikettieren

1. Zufuhr der gereinigten Flaschen
2. Flaschen mit Quellwasser füllen (Füller)
3. Flaschen verschließen (Schließer)
4. Flaschen etikettieren (Etikettierer)
5. Abtransport der Flaschen

Die Flaschen werden auf Transportbändern angeliefert, von einer Greifvorrichtung erfasst und in den Füller gezogen. Hier werden die Flaschen mit Quellwasser gefüllt, anschließend verschlossen und etikettiert. Die gesamte Einheit, bestehend aus **Füller**, **Schließer** und **Etikettierer** ist **BM 10**. Die Flaschen werden danach wieder auf Transportbänder gesetzt.

2.4.1.11 BM 11: Flaschen in Kästen setzen

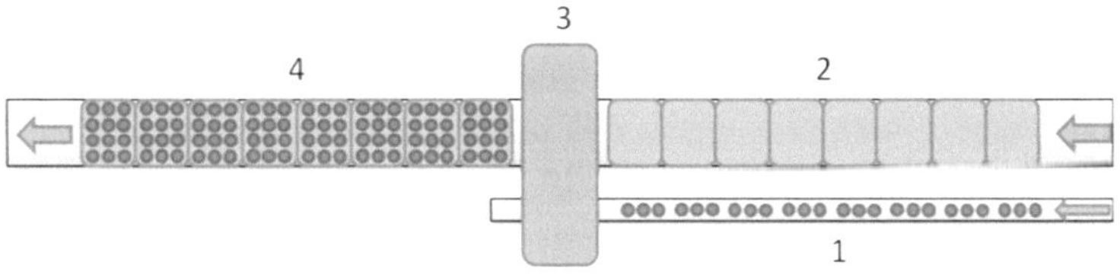

BM 11: Flaschen in Kästen setzen

1. Flaschen
2. Kästen
3. Roboter hebt Flaschen in die Kästen
4. Kästen (und Flaschen)

Flaschen und Kästen werden auf den jeweiligen Transportbändern zu **BM 11** transportiert. Hier greift ein **Roboter** die Flaschen und setzt diese (drei je Hub) in die Kästen.

2.4.1.12 BM 12: Kästen und Flaschen auf Paletten setzen

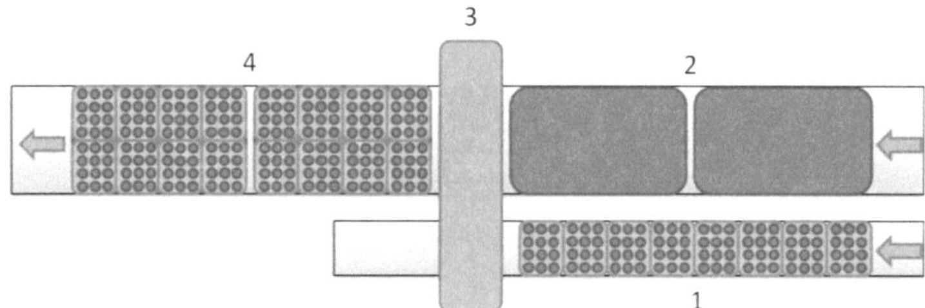

BM 12: Kästen und Flaschen auf Paletten setzen

1. Kästen (und Flaschen)
2. Paletten
3. Roboter hebt Kästen auf Paletten
4. Paletten mit Kästen (und Flaschen)

Kästen und Paletten werden auf den jeweiligen Transportbändern zu **BM 12** transportiert. Hier greift ein **Roboter** die Kästen und setzt diese (einer je Hub) auf die Paletten.

2.4.2 Lagerbereiche

Lagerbereiche, aufgeteilt in drei Hauptkategorien

Die benötigten Lagerbereiche ergeben sich aus den Anforderungen der Produktionslinie.

Leergut:

Das Leergut (Flaschen und Kästen auf Paletten), muss zwischen Entladung der LKW und Beladung der Produktionslinie zwischengelagert werden. Hierfür werden Regalsysteme mit entsprechender Breite, Länge und Höhe benötigt.

Ersatzmaterial:

Wenn Paletten, Kästen oder Flaschen beschädigt angeliefert oder während der Produktion beschädigt werden, müssen diese ersetzt werden. Die Ersatzmaterialien sollen ebenfalls in Regalsystemen gelagert werden.

Quellwasser:

Um das Quellwasser stets vorrätig zu haben und zu besseren Qualitätsüberwachung, soll dieses in Tanks zwischengespeichert werden. Hierfür sind zwei Tanks außerhalb der Halle vorgesehen.

Pufferspeicher:

Eine Produktionslinie benötigt, aufgrund der unterschiedlichen Arbeitsgeschwindigkeiten der enthaltenen Betriebsmittel, verschiedene Zwischenspeicher (Puffer). Diese sollen Störungen in der Produktion ausgleichen und für eine konstante Produktion sorgen. Für Paletten und Kästen sollen Maschinen verwendet werden, welche die leeren Medien platzsparend übereinander stapeln. Bei Flaschen werden Speichertische verwendet, welche eine hohe Anzahl an Flaschen nebeneinander aufnehmen und wieder abgeben können.

Fertiges Produkt:

Die Produktpaletten werden von der Produktionslinie in ein Lager gebracht und von hier aus auf die LKW verladen.

2.4.3 Sozialtrakt

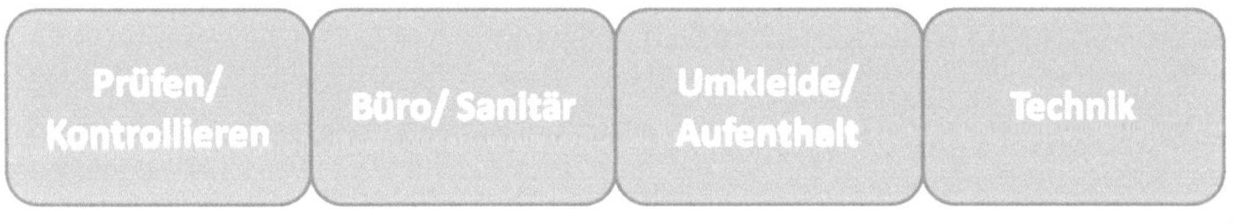

Sozialtrakt, aufgeteilt in die vier notwendigen Bereiche

Der Sozialtrakt kann in einem Komplex zusammengefasst und innerhalb der Fabrikhalle angeordnet werden. Er benötigt separate Räumlichkeiten, welche gegen Lärm und Schmutz aus der Produktionslinie schützen sollen.

Die folgenden Bereiche werden benötigt:

- Prüf- und Kontrollbereich
- Bürobereich/ Sanitärbereich
- Umkleide/ Aufenthaltsbereich
- Technikbereich

2.4.4 Gesamtbedarf für das Fabrikgelände

Gesamtbedarf für das Fabrikgelände, schematisch dargestellt

Der gesamte Platzbedarf für das Fabrikgelände wird durch die folgenden drei Bereiche definiert:

- Fabrikhalle (Produktionslinie, Sozialtrakt)
- Straßen/ Parkplätze (LKW und PKW)
- Lagerbereiche (Regalsysteme innen und außenliegende Wassertanks)

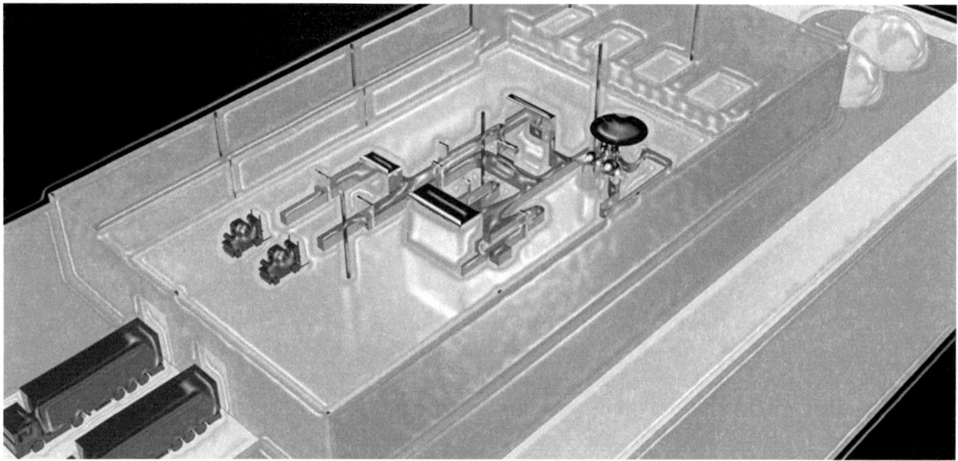

Fabrikhalle mit Straßen/ Parkplätzen und Lagerbereichen als mögliche Vorschau

Das nächste Kapitel soll Ihnen einen Einblick in den Programmaufbau und die Benutzeroberfläche von *Autodesk® AutoCAD®* geben. Starten Sie das Programm und testen Sie die verschiedenen Befehle.

3 Grundlagen zum Programm

3.1 Grafische Programmoberfläche

Autodesk[®] **AutoCAD**[®] **2012** kann grafisch in folgende Bereiche unterteilt werden:

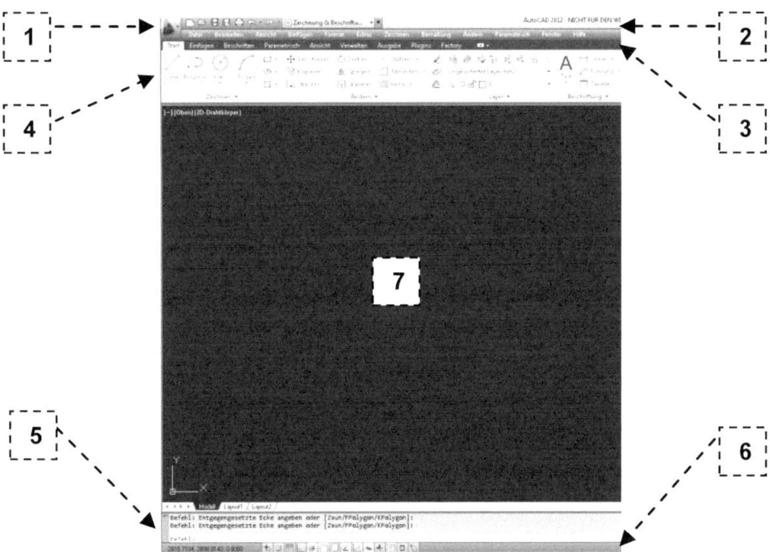

1. Hauptmenü	5. Protokoll- und Befehlseingabebereich
2. Oberer Werkzeugkasten (Schnellzugriff)	6. Unterer Werkzeugkasten
3. Menüleiste	7. Modell- und Layoutbereich
4. Multifunktionsleiste	

Der **Layoutbereich** wird auch als **Papierbereich** bezeichnet, da hier die druckfertigen Layouts erzeugt werden. Gezeichnet wird grundsätzlich im **Modellbereich**.

3.2 Hauptmenü

Die Befehle im **Hauptmenü** erreichen Sie über den linken oberen Button des Programms.

Auswahloptionen **Hauptmenü**

FUNKTION

- Öffnet das Hauptmenü

OPTIONEN

- 🕘 Anzeige der zuletzt verwendeten Dokumenten
- 🗒 Anzeige der aktuell geöffneten Dokumente
- ☐ Neu Datei erstellen
- ☞ Öffnen
- 🖫 Speichern
- 🖬 Speichern unter
- ➜ Exportieren
- ⊖ Drucken
- 🖅 Publizieren
- ☑ Zeichnungsprogramme
- 🗙 Schließen der aktuellen Zeichnung/ aller Zeichnungen
- Optionen Öffnet die Programmoptionen
- AutoCAD 2012 beenden Beendet das Programm

3.2.1 ☐ Neue Datei erstellen

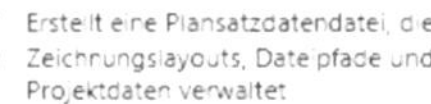

Auswahloptionen **Neu**

FUNKTION

- Erstellt eine neue AutoCAD®-Zeichnung oder einen neuen Plansatz

TASTATURBEFEHL

- [_NEW] (Zeichnung)
- [_NEWSHEETSET] (Plansatz)

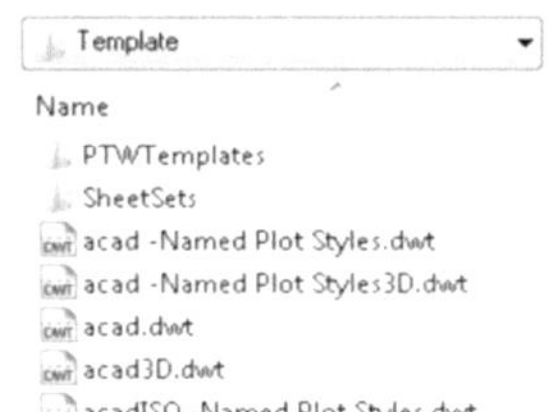

Auswahloptionen einer Vorlage für den Befehl **Zeichnung**

OPTIONEN

- 🖾 Erstellt eine neue Zeichnung aus einer Vorlagenauswahl
- 🖾 Öffnet das Befehlsfenster **Plansatz erstellen**

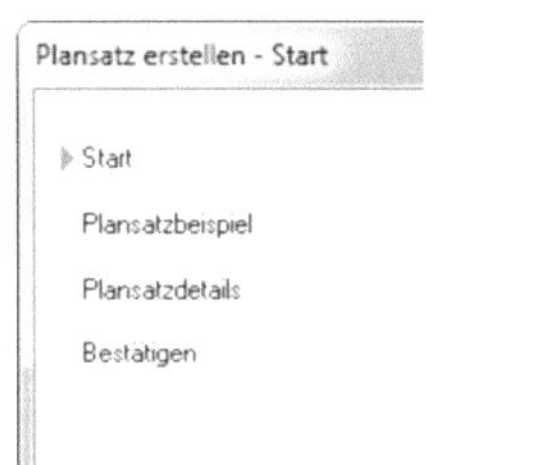

Befehlsoptionen *Plansatz erstellen*

HINWEIS

- Um eine eigene Zeichnungsvorlage zu erstellen und im Vorlagenordner zu speichern, verwenden Sie die Befehlsfolge *Datei* > *Speichern unter* > *Dateityp: AutoCAD®-Zeichnungsvorlage (DWT)*.

- Ein Plansatz ist eine definierte Gruppe zusammengehöriger Layouts. Eine Zeichnung kann mehrere Layouts besitzen.

3.2.2 ☞ Öffnen einer vorhandenen Datei

Öffnen einer Datei

Zeichnung
Öffnet eine bestehende Zeichnungsdatei.

Plansatz
Öffnet eine Plansatzdatendatei im Manager für Planungsunterlagen.

DGN
Importiert die Daten aus einer DGN-Datei in eine neue DWG-Datei.

Auswahloptionen *Öffnen*

FUNKTION

- Öffnen einer Zeichnung/ eines Plansatzes oder Importieren von Daten aus einer DGN-Datei

TASTATURBEFEHL

- [_OPEN] (Zeichnung)
- [_VLTOPEN] (Aus Tresor öffnen)
- [_OPENSHEETSET] (Plansatz)
- [_DGNIMPORT] (DGN-Datei)

OPTIONEN

- ⬚ Öffnet eine Zeichnung
- ⬚ Öffnet einen Plansatz
- ⬚ Importiert Daten aus einer DGN-Datei

3.2.3 ⬚ Speichern der aktuellen Datei

Speichert den aktuellen Stand der geöffneten Datei.

TASTATURBEFEHL: [_QSAVE]

3.2.4    *Speichern unter*

Kopie der Zeichnung speichern

AutoCAD-Zeichnung
Speichert die aktuelle Zeichnung im vorgegebenen Zeichnungsdateiformat (DWG).

AutoCAD-Zeichnungsvorlage
Erstellt eine Zeichnungsvorlagendatei (DWT), die zum Erstellen einer neuen Zeichnung verwendet werden kann.

AutoCAD-Zeichnungsstandards
Erstellt eine Zeichnungsstandardsdatei (DWS), die zum Überprüfen der Standards einer Zeichnung verwendet werden kann.

Andere Formate
Speichert die aktuelle Zeichnung im DWG-, DWT-, DWS- oder DXF-Dateiformat.

Layout als Zeichnung speichern
Speichert alle sichtbaren Objekte aus dem aktuellen Layout im Modellbereich einer neuen Zeichnung.

DWG-Konvertierung
Konvertiert eine Zeichnungsdatei-Version für die ausgewählten Zeichnungsdateien.

Auswahloptionen *Speichern unter*

FUNKTION

- Speichert die Datei als Zeichnung/ Zeichnungsvorlage/ Zeichnungsstandard oder sonstiges Format

TASTATURBEFEHL

- [_SAVEAS] (AutoCAD®-Zeichnung)
- [_+SAVEAS] (AutoCAD®-Zeichnungsvorlage)
- [_S] (AutoCAD®-Zeichnungsstandard)
- [_EXPORTLAYOUT] (Layout als Zeichnung speichern)

OPTIONEN

- Speichert die Datei als AutoCAD®-Zeichnung (DWG)
- Speichert die Datei als Zeichnungsvorlage (DWT)
- Speichert die Datei als Zeichnungsstandard (DWS)
- Speichert die Datei unter anderem Format
- Speichert ausgewählte Layoutobjekte als Zeichnung
- Konvertiert die Datei in das DWG-Format

HINWEIS

- Um den Befehl *Layout als Zeichnung speichern* ausführen zu können, müssen Sie vorher in den *Layoutbereich* der Zeichnung wechseln.

3.2.5   *Exportieren*

FUNKTION

- Exportiert die aktuelle Datei in ein anderes Format

In anderes Format exportieren

DWF
Erstellt eine DWF-Datei und erlaubt Ihnen, Überschreibungen für Seiteneinrichtungen festzulegen

DWFx
Erstellt eine DWFx-Datei und erlaubt Ihnen, Überschreibungen für Seiteneinrichtungen festzulegen

3D-DWF
Erstellt eine DWF- oder DWFx-Datei Ihres 3D-Modells und zeigt sie im DWF Viewer an

PDF
Erstellt eine PDF-Datei und erlaubt Ihnen, Überschreibungen für Seiteneinrichtungen festzulegen

DGN
Erstellt mindestens eine DGN-Datei aus der aktuellen Zeichnung

FBX
Erstellt eine FBX-Datei auf Basis der aktuellen Zeichnung

Andere Formate
Zeichnung in ein anderes Dateiformat exportieren

Auswahloptionen *Exportieren*

- [_EXPORTDWF] (DWF)
- [_EXPORTDWFX] (DWFx)
- [_3DDWF] (3D-DWF)
- [_EXPORTPDF] (PDF)
- [_DGNEXPORT] (DGN)
- [_FBXEXPORT] (FBX)
- [_EXPORT] (Sonstige Formate)

OPTIONEN

- Exportiert die Datei in ein DWF-Format
- Exportiert die Datei in ein DWFx-Format
- Exportiert die Datei in ein 3D-DWF-Format
- Exportiert die Datei in ein PDF-Format
- Exportiert die Datei in ein DGN-Format
- Exportiert die Datei in ein FBX-Format
- Exportiert die Datei in ein anderes Format

3.2.6 Drucken

Zeichnung auf Plotter oder anderem Gerät ausgeben

Plot
Gibt Zeichnung an Plotter, Drucker oder Datei aus.

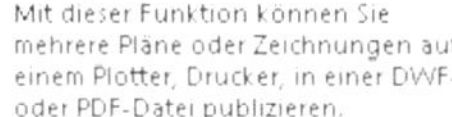

Stapelplotten
Mit dieser Funktion können Sie mehrere Pläne oder Zeichnungen auf einem Plotter, Drucker, in einer DWF- oder PDF-Datei publizieren.

Plot-Voransicht
Zeigt die Plot-Voransicht der Zeichnung an.

Plot- und Publizierungs-Details anzei...
Zeigt Informationen über ausgeführte Plot- und Publizierungsjobs an.

Seiteneinrichtung
Bestimmt die das Seiten-Layout, den Plotter, das Papierformat und andere Einstellungen für jedes neue Layout.

Auswahloptionen *Drucken*

FUNKTION

- Gibt eine oder mehrere Dateien an einen Drucker weiter

TASTATURBEFEHL

- [_PLOT] (Plot)
- [_PUBLISH] (Stapelplotten)
- [_PREVIEW] (Plot-Voransicht)
- [_VIEWPLOTDETAILS] (Plot- und Publizierungsdet.)
- [_PAGESETUP] (Seiteneinrichtung)
- [_PLOTTERMANAGER] (Plotter verwalten)
- [_STYLESMANAGER] (Plotstile verwalten)
- [_PLOTSTYLE] (Plotstiltabellen bearbeiten)

Plotter verwalten
Zeigt den Plot-Manager an, von wo aus Sie eine Plotterkonfiguration hinzufügen oder bearbeiten können.

Plotstile verwalten
Zeigt den Plotstil-Manager an, wo Sie Plotstil-Tabellen überarbeiten können.

Plotstiltabellen bearbeiten
Steuert die benannten Plotstile, die dem aktuellen Layout zugeordnet sind und Objekten zugewiesen werden können.

Auswahloptionen *Drucken*

O P T I O N E N

- Sendet Zeichnungsdaten an einen Drucker
- Sendet mehrere Zeichnungen an einen Drucker
- Zeigt eine Voransicht des Druckbildes
- Übersicht über alle Druckaufträge
- Öffnet die Optionen für die Seiteneinrichtung
- Startet den Plot-Manager
- Verwaltet die Plot-Stile (Plot-Manager)
- Bearbeitet existierende Plotstiltabellen

3.2.7   Publizieren

Zeichnung zur gemeinsamen Nutzung freigeben

An 3D-Druckdienst
Sendet Volumenkörper-Objekte und dichte Netze an den 3D-Druckdienst.

Archiv
Fasst die aktuellen Plansatzdateien zur Archivierung zusammen.

eTransmit
Erstellt ein Paket von Zeichnungsdateien und ihren Abhängigkeiten.

E-Mail
Sendet die aktuelle Zeichnungsdatei als E-Mail-Anhang.

Auswahloptionen *Publizieren*

F U N K T I O N

- Sendet die Informationen der Volumenkörper aus der Zeichnung an einen 3D-Druckdienst oder archiviert komplette Plansätze

T A S T A T U R B E F E H L

- [_3DPRINT] (An 3D-Druckdienst senden)
- [_ARCHIVE] (Archivieren)

O P T I O N E N

- Sendet Daten an einen 3D-Druckdienst
- Archiviert die aktuelle Plansatzdatei
- Erzeugt ein Paket der Zeichnungsdaten und deren zugehörigen Referenzen
- Sendet die Datei als E-Mail

3.2.8   Zeichnungsprogramme

F U N K T I O N

- Enthält diverse Werkzeuge zum Bearbeiten/ Reparieren einer Zeichnung

Werkzeuge zum Beibehalten der Zeichnung

Zeichnungseigenschaften
Bestimmt die Dateieigenschaften der
aktuellen Zeichnung und zeigt sie an.

Einheiten
Steuert Anzeigeformate und -
genauigkeit für Koordinaten und
Winkel.

Überprüfen
Prüft den Zustand einer Zeichnung und
korrigiert einige Fehler.

Status
Gibt Daten, Modus und Grenzen einer
Zeichnung an.

Bereinigen
Entfernt ungenutzte benannten
Elemente wie Blockdefinitionen und
Layer aus der Zeichnung.

Wiederherstellen
Repariert eine beschädigte
Zeichnungsdatei.

Zeichnungswiederherstellungs-Mana...
Zeigt die Zeichnungen an, die nach
einem Programm- oder Systemausfall
möglicherweise wiederhergestellt
werden müssen.

Auswahloptionen **Zeichnungsprogramme**

- [_DWGPROPS] (Zeichnungseigenschaften)
- [_UNITS] (Einheiten bearbeiten)
- [_AUDIT] (Zeichnung auf Fehler prüfen)
- [_STATUS] (Zeichnungsstatus)
- [_PURGE] (Bereinigen)
- [_RECOVER] (Wiederherstellen)
- [_RECOVERALL] (Mit XRefs wiederherstellen)
- [_DRAWINGRECOVERY] (Zeichnungswiederherstell.)

- Öffnet die Zeichnungseigenschaften
- Öffnet das Eingabefenster der Einheiten
- Prüft die Zeichnung auf vorhandene Fehler
- Öffnet ein Fenster mit diversen Dateidaten
- Löscht unbenutzte Elemente aus der Datei
- Repariert eine Datei
- Repariert eine Datei mit XRefs
- Öffnet den Zeichnungswiederherstellungs-
Manager

3.2.9 Schließen

Zeichnung schließen

Aktuelle Zeichnung
Schließt die aktuelle Zeichnung

Alle Zeichnungen
Schließt alle derzeit geöffneten
Zeichnungen

Auswahloptionen **Schließen**

- Schließt die aktuelle Zeichnung/ alle geöffneten
Zeichnungen

- [_CLOSE] (Aktuelle Zeichnung)
- [_CLOSEALL] (Alle Zeichnungen)

3.2.10　 *Optionen*

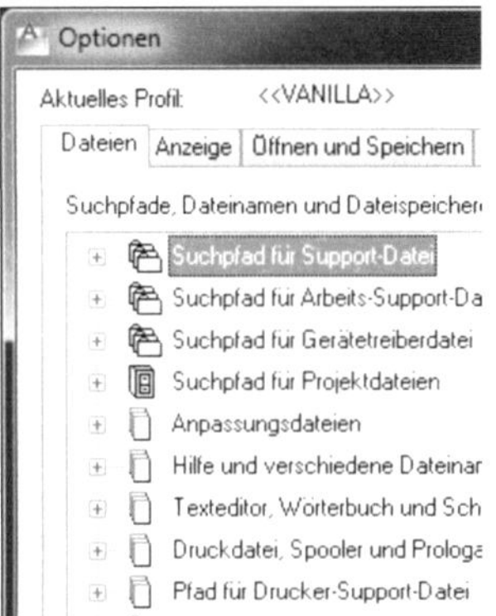

Auszug aus dem Register *Dateien*

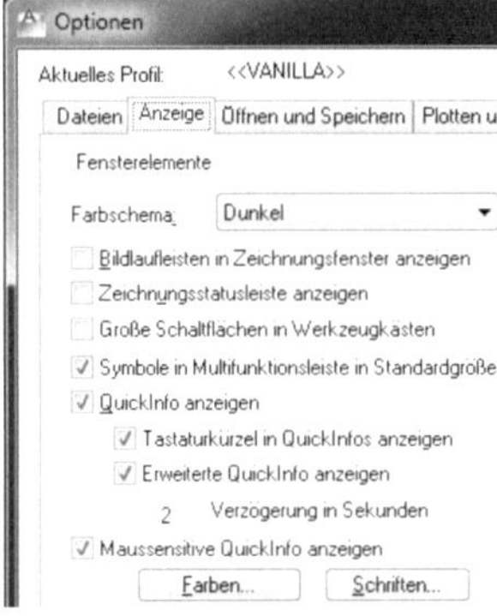

Auszug aus dem Register *Anzeige*

FUNKTION

- Öffnet die allgemeinen Optionen

TASTATURBEFEHL

- [_Options]

OPTIONEN

- Register: Dateien
- Speicherorte (Treiber, Dateien, Programmdaten).

- Register: Anzeige
- Fenster- und Layoutelemente, Bildschirmauflösung, Bildschirmleistung, Fadenkreuzgröße und Fading-Steuerung.

- Register: Öffnen und Speichern
- Dateien speichern oder öffnen, Anwendungsmenü, externe Referenzen und ObjectARX-Anwendungen.

- Register: Plotten und Publizieren
- Allgemeine Plot-Einstellungen, Optionen zur Hintergrundverarbeitung, automatisches Publizieren, allgemeine Plot-Optionen, Plot-Markierung und Plot-Stil-Tabellen.

- Register: System
- 3D-Leistung, Optionen zur Layout-Regenerierung, aktuelles Zeigegerät, Datenbankverbindung

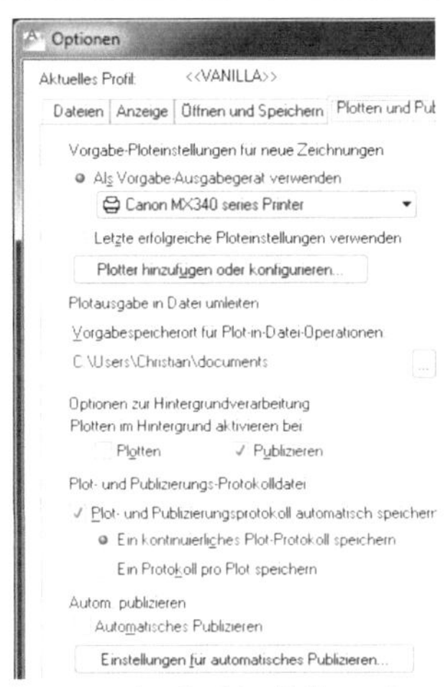

Auszug aus dem Register **Plotten und Publizieren**

- Register: Benutzereinstellungen
- Windows-Standardverhalten und allgemeine Benutzereinstellungen.

- Register: Entwurf
- AutoSnap, Objektfang, AutoTrack, Auswahl für Ausrichtepunkt und Größe der Öffnung.

- Register: 3D-Modellierung
- 3D-Fadenkreuze, ViewCube/ BKS-Symbol, 3D-Objekte, 3D-Navigation und dynamische Eingabe.

- Register: Auswahl
- Pickbox-Größe, Auswahlvoransicht, Auswahlmodi, Optionen der Multifunktionsleisten und Griffe.

- Register: Profil
- Bietet eine Übersicht über alle verfügbaren Profile sowie die Option der jeweiligen Bearbeitung.

3.3 Menüleiste

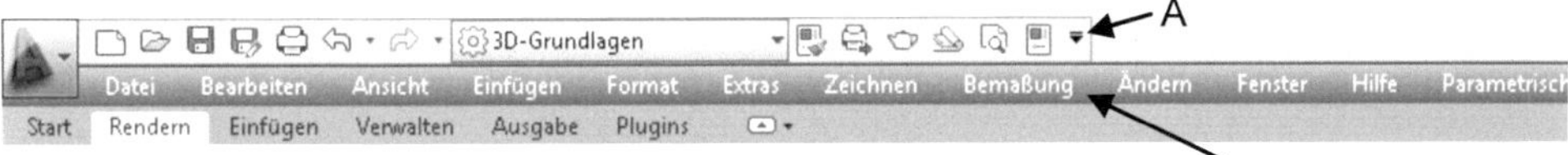

Die Menüleiste beinhaltet eine Übersicht aller Befehle nach der klassischen **AutoCAD**®-Anordnung. Die Menüleiste besteht aus den Bereichen:

- Datei
- Bearbeiten
- Ansicht
- Einfügen

- Format
- Extras
- Zeichnen
- Bemaßung

- Ändern
- Parametrisch
- Fenster
- Hilfe

Sie können die Menüleiste ein- oder ausblenden. Klicken Sie im **Schnellzugriff-Werkzeugkasten** mit der linken Maustaste auf das rechts stehende ▼ **Symbol** (A) und wählen im unteren Bereich **Menüleiste einblenden/ ausblenden**.

3.4 Oberer Werkzeugkasten (Schnellzugriff-Werkzeugkasten)

Der **Schnellzugriff-Werkzeugkasten** enthält diverse standardmäßig eingerichtete Befehle. Mittels **rechter Maustaste > Schnellzugriff-Werkzeugkasten anpassen** können Sie diese Anordnung anpassen. Der Klick auf den rechts stehenden ▼ **Button**, ermöglicht ein zusätzliches Ein-/ Ausblenden der Befehle.

3.4.1 ⚙ Arbeitsbereich

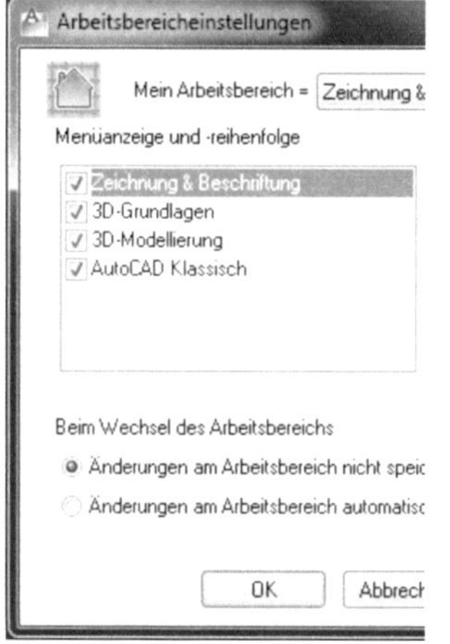

Auswahlbereich im **Schnellzugriff-Werkzeugkasten**

Auswahloptionen **Arbeitsbereicheinstellungen**

FUNKTION

- Auswahl eines vorhandenen oder Erstellen eines neuen Arbeitsbereiches

TASTATURBEFEHL

- [ABEINST]

OPTIONEN

- Öffnet einen der vorhandenen Standardarbeitsbereiche (2D-Zeichnung und Beschriftung, 3D-Grundlagen, 3D-Modellierung oder Klassisch) oder speichert die aktuellen Einstellungen unter einem eigenen Namen (neuer Arbeitsbereich) ab.

HINWEIS

- Der Tastaturbefehl [ABEINST] ermöglicht einen Wechsel, nicht aber die Erstellung eines eigenen Arbeitsbereiches.

3.4.2   Durchsuchen

Durchsucht das Programm nach einem Befehl. Tragen Sie das Suchwort in das links nebenstehende Fenster ein und starten Sie die Suche mit dem Fernglas-Symbol.

3.4.3   Anmelden

Meldet den Anwender an den **Autodesk**®-Online-Service an.

3.4.4   Exchange

Öffnet das **Exchange** Arbeitsfenster mit Informationen, Hilfen, Downloads und Zugriff auf die **Autodesk**® Community.

3.4.5   Hilfe

Öffnet die **Autodesk**®-Hilfe.

3.5   Multifunktionsleisten

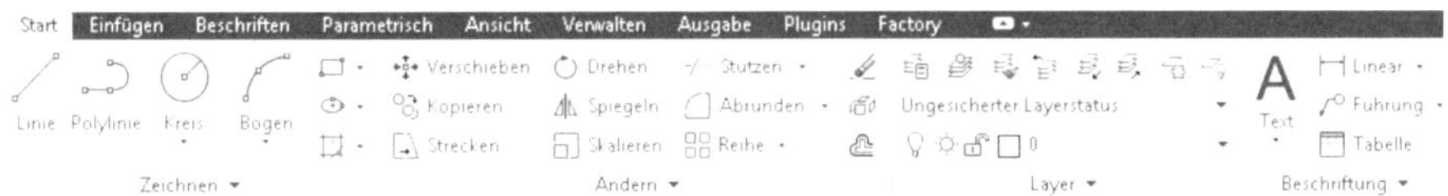

Die Multifunktionsleisten enthalten Register und darin Befehlsgruppen, welche Sie ein-/ ausblenden können. Hierzu klicken Sie mit der rechten Maustaste auf eine Multifunktionsleiste und setzen/ entfernen in den **Registerkarten** oder **Gruppen** die Haken.

3.6   Protokoll- und Befehlseingabebereich

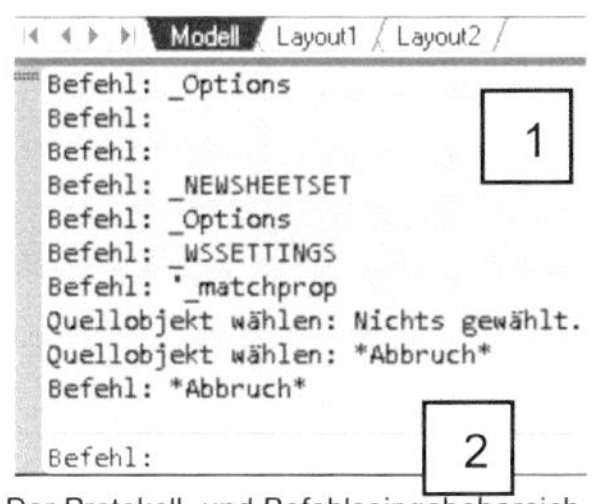

Der Protokoll- und Befehlseingabebereich

Im Protokolleingabebereich (1) finden Sie eine Übersicht der letzten Befehlseingaben und können den Verlauf der Eingaben noch einmal nachvollziehen.

Im Befehlseingabebereich (2) geben Sie die jeweiligen Tastaturbefehle ein. Die Taste [F2] öffnet ein separates Textfenster mit Protokoll- und Texteingabebereich.

3.7   Unterer Werkzeugkasten
3.7.1   Koordinatenanzeige

 Der linke Bereich des unteren Werkzeugkastens zeigt die aktuelle Position des Mauszeigers im Modell- und Layoutbereich (relativ zum Koordinatenursprung). Sobald Sie die Position des Mauszeigers im Zeichenbereich ändern, ändern sich auch die Koordinaten. Verwenden Sie diese Anzeige, um die ungefähre Position des Mauszeigers beim Zeichnen zu erhalten. Der Klick mit der linken Maustaste auf die Koordinatenanzeige aktiviert/ deaktiviert die Anzeige.

3.7.2   Abhängigkeiten ableiten

Leitet bei aktiviertem Befehl während des Zeichnens automatisch Abhängigkeiten ab. Vorhandene Abhängigkeiten können Sie im Register **Parametrisch** > **Geometrisch** ein- oder ausblenden. Um eine vorhandene Abhängigkeit zu löschen: **Abhängigkeit markieren** > **rechte Maustaste** > **Löschen** (alternativ: Taste [Entf]).

Beim Zeichnen der beiden Linien wurden die Abhängigkeiten *Horizontal* und *Vertikal* automatisch abgeleitet

3.7.3   Fangmodus

Bei aktivierter Option bewegt sich der Mauszeiger entlang eines Rasters. Hierbei ist es nicht notwendig, das Raster vorher ein zublenden. Der Tastaturbefehl [Fang] aktiviert weitere Optionen (Ein, Aus, Aspekt, Stil oder Typ).

3.7.4   Rasteranzeige

Bei aktivierter Option wird das Raster eingeblendet (Bild rechts). Um den Rasterabstand zu bearbeiten, klicken Sie mit der rechten Maustaste auf den Befehl **Rasteranzeige** und dann **Einstellungen** > **Fang und Raster**. Die neuen Abstände werden im Bereich **Rasterabstand** definiert.

3.7.5   Ortho-Modus

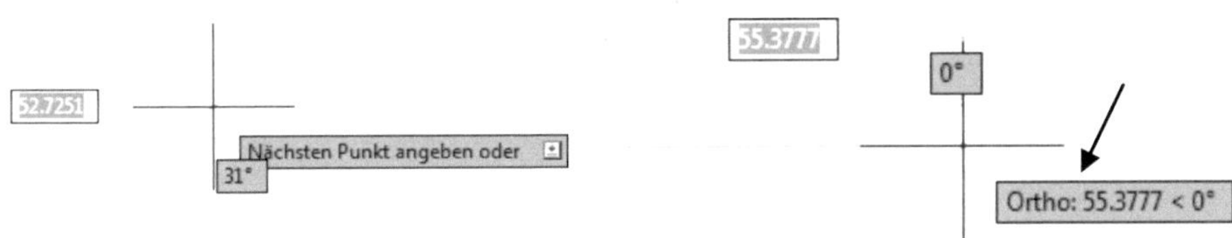

Bei aktivierter Option ist das Zeichnen (z. B. einer Linie), nur in vertikaler oder horizontaler Richtung möglich (relativ zum BKS). Beim Zeichnen der Linie im rechten Bild wurde der Befehl aktiviert, links deaktiviert.

3.7.6   Spurverfolgung

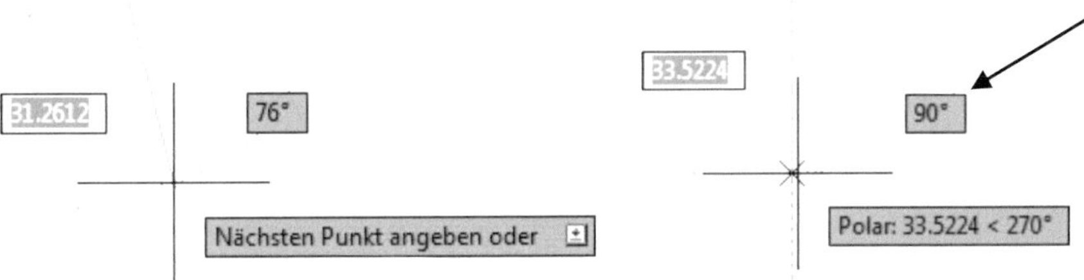

Bei aktivierter Spurverfolgung fängt das Programm vordefinierte Winkel (in 90° Schritten). Ein Zeichnen außerhalb dieser vordefinierten Winkel, ist (nicht wie bei der Option **Ortho-Modus**) trotzdem möglich. Im rechten Bild wurde der Winkel 90° (im UZS) erfasst.

3.7.7   Objektfang

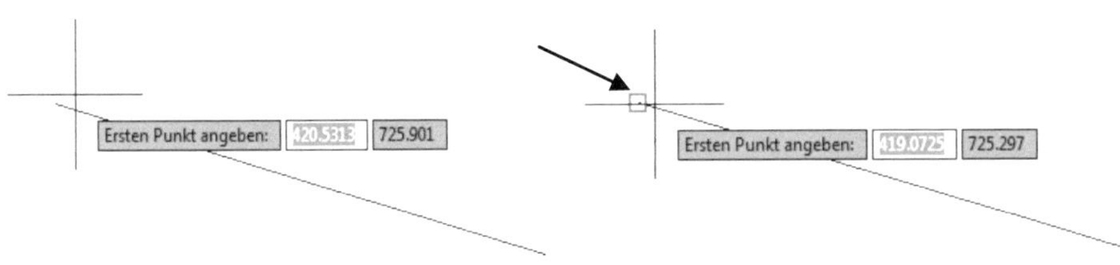

Bei aktivierter Option können verschiedene Punkte eines Objektes besser gefangen werden. Hiermit kann ein sauberes Zeichnen gewährleistet und zwei oder mehrere Elemente, an definierten Punkten eindeutig aneinander gesetzt werden. Welche Objektpunkte gefangen werden sollen und welche nicht, kann über *rechte Maustaste auf das Symbol > Einstellungen > Objektfang* definiert werden. Eine temporäre Wahl eines bestimmten Objektfangmodus für den folgenden Arbeitsschritt, kann über *rechte Maustaste auf das Symbol* und anschließender Auswahl der Option festgelegt werden. Im rechten Bild wurde bei aktivierter Option der Startpunkt der vorhandenen Linie gefangen.

3.7.8 ⬚ 3D-Objektfang

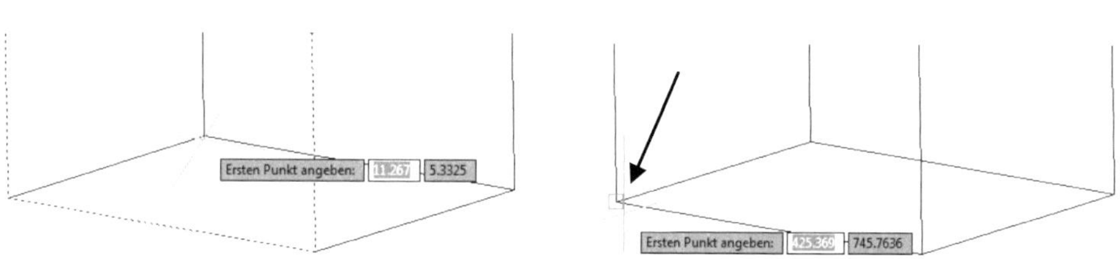

Der 3D-Objektfang funktioniert wie der einfache Objektfang. Zusätzlich können Sie weitere Elemente im 3D-Bereich fangen.

3.7.9 ⬚ Objektfangspur

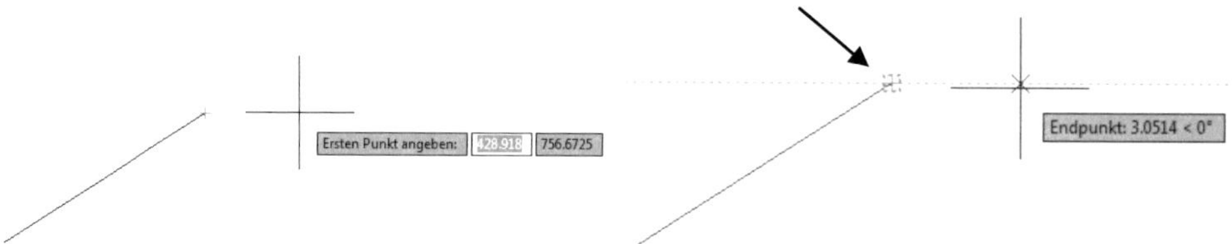

Bei aktivierter Objektfangspur können Sie in Kombination mit dem ⬚ *Objektfang* den Punkt eines Objektes *fangen*, die Maus vorsichtig in Richtung des Objektes ziehen (kollinear) und dadurch eine Hilfslinie erzeugen. Geben Sie jetzt einen Wert ein, wird der erste Punkt des neuen Objektes (wenn Sie vorher z. B. den Befehl *Linie* gestartet haben) auf dieser Hilfslinie und mit dem festgelegten Wert (als direkter Abstand vom gefangenen Punkt) abgelegt.

3.7.10 ⬚ Dynamisches BKS zulassen/ nicht zulassen

Ein dynamisches BKS (Benutzerkoordinatensystem) ist ein temporäres Verschieben des Koordinatenursprungs an eine neue Position, um einen neuen Volumenkörper in einer räumlich verschobenen/ verdrehten Position zu erzeugen. Mit dieser Option kann das dynamische BKS zugelassen bzw. unterdrückt werden.

3.7.11 ⊹ *Dynamische Eingabe*

Die aktivierte dynamische Eingabe ermöglicht Ihnen, Objekte mittels Tastatureingabe zu zeichnen, ohne die Punkte mit der linken Maustaste abzulegen. Wollten Sie z. B. eine Linie zeichnen (rechtes Bild), definieren Sie den ersten Linienpunkt mit X- und Y-Koordinaten, den zweiten Punkt mittels Längen- und Winkeleingabe. Mit der Taste [Tab] gelangen Sie in die jeweiligen Eingabereiche und können zwischen diesen mit derselben Taste wechseln. [Enter] bestätigt die Eingabe nach jedem Punkt. Bereits während des Zeichnens können Sie somit Position und Geometrie eines Objektes genau definieren.

3.7.12 ⊞ *Linienstärke anzeigen/ ausblenden*

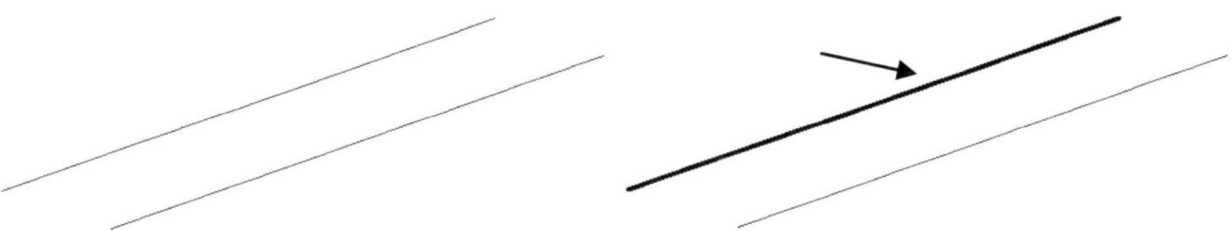

Sollten Sie verschiedene Linienstärken beim Zeichnen verwenden, können Sie diese während des Zeichnens ein- oder ausblenden. Die Linienstärke eines Objektes können Sie unter **Start** > **Eigenschaften** > **Linienstärke** ändern, oder das Objekt im Bereich **Start** > **Layer** > ⊗ **In aktuellen Layer ändern** einem Layer mit einer anderen Linienstärke zuweisen.

3.7.13 ▨ *Transparenz aktivieren/ deaktivieren*

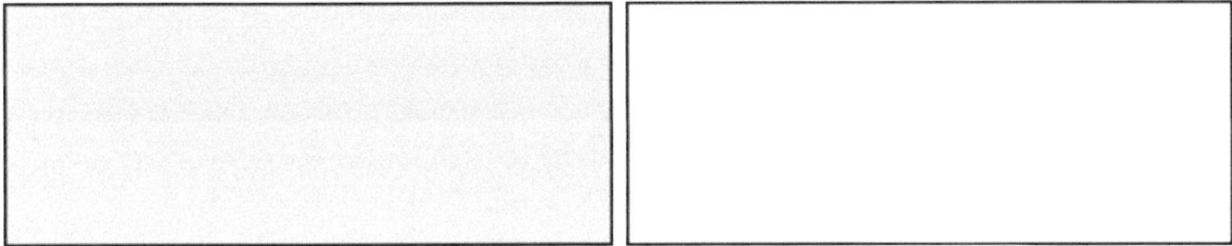

Sollte ein Objekt mit einer Transparenz versehen sein, können Sie die Sichtbarkeit dieser Transparenz mit dieser Option ein- oder ausschalten. Die Flächenfüllung beider Rechtecke wurde mit einer Transparenz von 85 % versehen. Im linken Bild wurde die Sichtbarkeit der Transparenz deaktiviert, im rechten Bild aktiviert.

3.7.14 Schnelleigenschaften

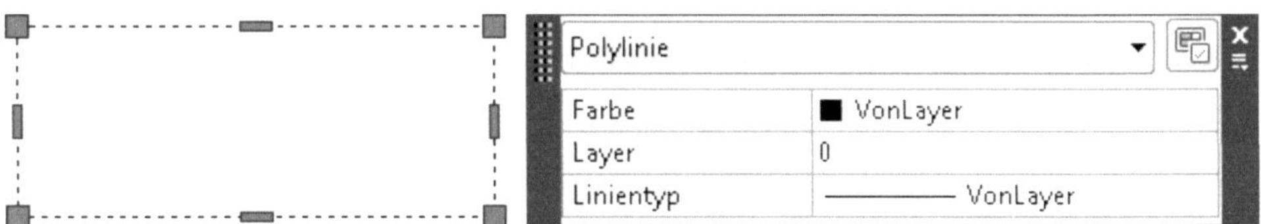

Sobald Sie bei aktivierter Option auf ein Objekt klicken (einfacher Klick), öffnet sich automatisch das Schnelleigenschaftsfenster. Im oberen Bild wurde bei aktivierter Option das linke Rechteck angeklickt. Auf der rechten Seite sehen Sie das Schnelleigenschaftsfenster mit den dargestellten Eigenschaften Objekttyp, Farbe, Layer und Linientyp. Alternativ öffnen Sie die Schnelleigenschaften mit einem Doppelklick auf ein Objekt.

3.7.15 Wechselnde Auswahl

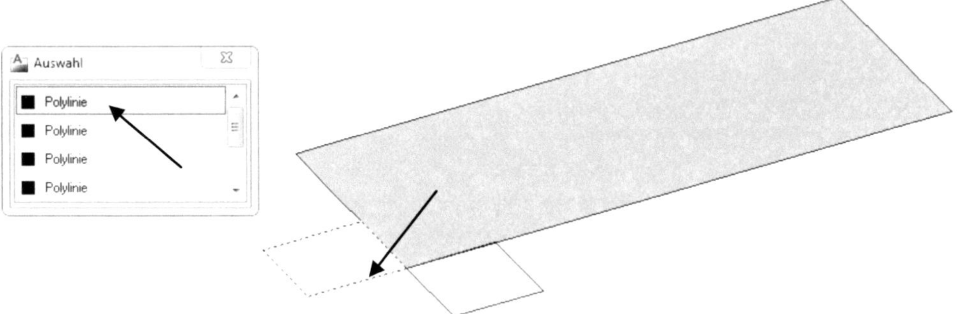

Die wechselnde Auswahl öffnet ein separates Auswahlfenster (bei z. B. eng aneinander liegenden Objekten) und erleichtert Ihnen somit die Auswahl. Im oberen Beispiel wurden drei Rechtecke aneinander gezeichnet. Eines davon soll aktiviert werden. Da alle drei Rechtecke dicht beieinander liegen, öffnet sich bei aktivierter Option das Auswahlfenster und das gewünschte Objekt kann aus der Liste selektiert werden.

3.7.16 MODELL *Modell*

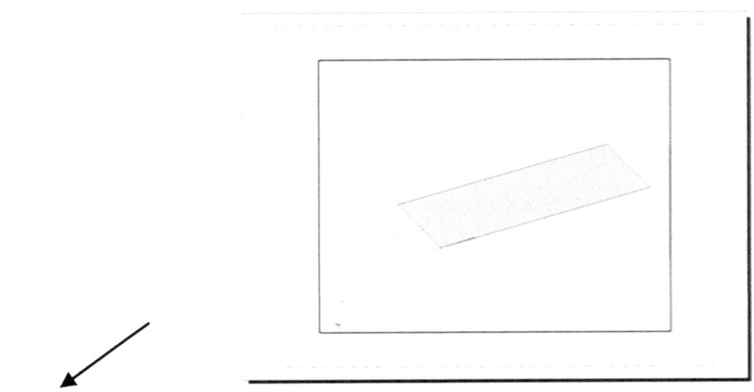

Mit einem Klick auf diesen Befehl wechselt das Programm zwischen Modell- und Layoutbereich. Alternativ können Sie die Reiter Modell / Layout1 *Modell* und *Layout* verwenden.

3.7.17 Schnellansicht-Layouts

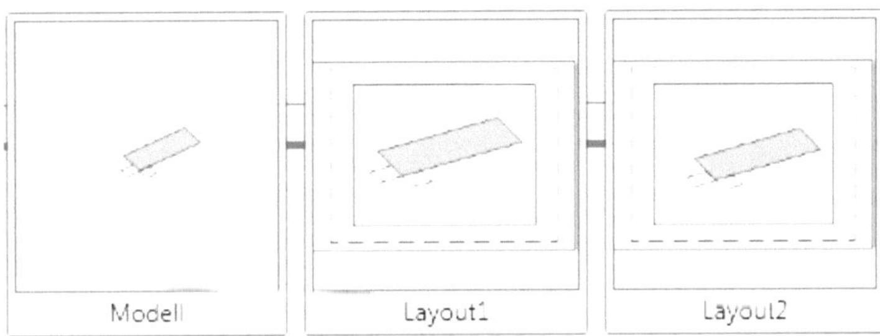

Dieser Befehl öffnet eine verkleinerte Vorschau des Modellbereiches und aller vorhandenen Layouts. Die folgenden Optionen öffnen sich ebenfalls:

- *Drucken* der ausgewählten Ansicht
- *Publizieren* der ausgewählten Ansicht
- *Fixiert* die ausgewählte Ansicht
- *Erstellt* ein neues Layout
- × *Schließt* die Schnellansicht-Layouts

Mit einem Klick auf eine der kleinen Ansichten, wechseln Sie auf diese.

3.7.18 ⊞ *Schnellansicht-Zeichnungen*

Der Befehl öffnet eine verkleinerte Vorschau der Zeichnungsdatei, der Miniaturansichten des Modellbereiches und der vorhandenen Layouts. Die folgenden Optionen öffnen sich:

- 🖫 *Speichern* der aktuellen Datei
- ✕ *Schließen* der aktuellen Datei
- ⛶ *Fixieren* der aktuellen Datei

- ▢ *Erzeugen* einer neuen Datei
- ↪ *Öffnen* einer vorhandenen Datei

Sobald Sie mir der Maus über die Miniaturansichten fahren, vergrößern sich diese. Mit einem Klick auf eine der Miniaturansichten wechseln Sie in diese Ansicht.

3.7.19 ⬚ *Beschriftungs-Maßstab*

Der Beschriftungsmaßstab legt das Verhältnis der Ansichtsgröße zwischen Beschriftung und Zeichnungsmaßstab fest. Er wird für *Modell-* und *Layoutbereich* gespeichert. Ein Text ist nicht automatisch eine Beschriftung. Um einen Text als Beschriftung zu definieren, setzen Sie in dessen Eigenschaften den Staus *Beschriftung* auf *Ja*.

Der Text passt sich danach den Änderungen des Beschriftungs-Maßstabs an. In den beiden Abbildungen wurde der Text als **Beschriftung** markiert und anschließend der Beschriftungsmaßstab von 1:1 (links) auf 1:2 (rechts) geändert.

3.7.20 Beschriftungssichtbarkeit

Ist diese Option aktiviert, werden alle in einer Zeichnung vorhandenen Beschriftungen angezeigt. Ist diese Option deaktiviert, werden nur die Beschriftungen im aktuell eingestellten Beschriftungs-Maßstab angezeigt. Alle anderen werden ausgeblendet.

3.7.21 Automatische Maßstäbe

Ist diese Option aktiviert, werden die Maßstäbe der Beschriftungsobjekte automatisch angepasst, sobald sich der Beschriftungs-Maßstab ändert.

3.7.22 Arbeitsbereichswechsel

Dieser Befehl öffnet das nebenstehende Fenster. Sie können in die Arbeitsbereiche **2D-Zeichnung & Beschriftung**, **3D-Grundlagen**, **3D-Modellierung**, **AutoCAD Klassisch** oder weitere, eigene Arbeitsbereiche (soweit vorhanden) wechseln. Änderungen am geöffneten Arbeitsbereich können gespeichert, die **Arbeitsbereicheinstellungen** geöffnet werden.

✓ Zeichnung & Beschriftung
3D-Grundlagen
3D-Modellierung
AutoCAD Klassisch

Aktuelles speichern unter...
Arbeitsbereicheinstellungen...
Anpassen...
Arbeitsbereich-Beschriftung anzeigen

3.7.23 Werkzeugkasten/ Fensterpositionen freigeben

Sperrt/ Entsperrt bewegliche Werkzeugkästen, Leisten oder Fenster.

Verschiebbare Werkzeugkästen/Leisten
Fixierte Werkzeugkästen/Leisten
Verschiebbare Fenster
Fixierte Fenster
Alle

Hilfe

- **Elemente gesperrt**
- **Elemente entsperrt**

3.7.24 Hardwarebeschleunigung ein

Aktiviert die Beschleunigung der Hardware, um ein flüssiges und leistungsfähiges Arbeiten mit dem Programm zu ermöglichen.

3.7.25 ⚲ *Objekte isolieren*

Mit diesem Befehl können Sie Objekte isolieren oder verbergen. Das linke Bild zeigt ein Rechteck und einen Text, beim Bild in der Mitte wurde der Text verborgen, beim rechten Bild der Text isoliert. Mit erneutem Klick auf diesen Befehl und der Option **Objektisolierung beenden** setzen Sie die Einstellungen wieder zurück.

3.7.26 ⬚ *Vollbild*

Hier kann der Zeichenbereich als Vollbild dargestellt, oder in die Ausgangsansicht zurück gewechselt werden.

3.8   *Modell- und Layoutbereich*
3.8.1   \ Modell ⌟ *Modellbereich*

Der Modellbereich ist der Konstruktionsbereich für das Zeichnen in **AutoCAD**®. Hier werden alle Zeichenobjekte erzeugt und bearbeitet. Sie können den Modellbereich in der Ansicht drehen und beliebig ausrichten.

<u>Folgende Tools finden Sie im Zeichenfenster:</u>

Der *ViewCube*

Der **ViewCube** ist ein Navigationswerkzeug, um den Modellbereich frei oder bestimmt zu drehen bzw. schnell auf eine bestimmte Ansicht (Oben, Unten, Rechts, Links, Hinten, Vorne und alle Zwischenansichten) zu wechseln.

Um die Ansicht frei zu drehen, klicken Sie mit der linken Maustaste auf den ViewCube, lassen die Maustaste gedrückt und bewegen die Maus dann (Alternative: [Shift] und gedrückte mittlere Maustaste). Um eine der o. g. Ansichten zu erreichen, klicken Sie mit der linken Maustaste nur einmal auf die entsprechende Seite des Würfels.

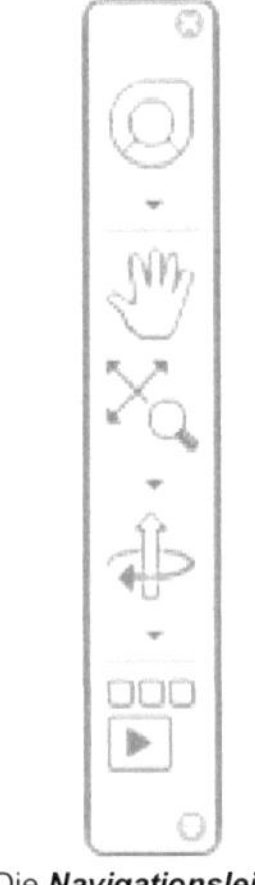

Die *Navigationsleiste*

Mit einem Klick auf das kleine ⌂ *Haus* wechseln Sie in eine isometrische Ansicht. Der Klick auf das *WKS-Zeichen*, öffnet ein Auswahlfenster der vorhandenen Koordinatensysteme. Ein- oder Ausschalten können Sie den ViewCube im Register **Ansicht** > **Fenster** > **Benutzeroberfläche**.

Die **Navigationsleiste** beinhaltet eine Auswahl an Navigationswerkzeugen, wie z. B. verschiedene Navigationsräder (Sammelbefehl diverser Optionen), Pan, diverse Zoomfunktionen, drei Orbit-Versionen und den ShowMotion (Bildschirmanzeige zum Erstellen und Wiedergeben von Kameraanimationen).

Mit dem kleinen Button unten rechts in der Navigationsleiste, können Sie die jeweiligen Navigationswerkzeuge ein- oder ausblenden und die Fixierungsposition der beiden Navigationswerkzeuge ViewCube und Navigationsleiste im Modellbereich festlegen.

3.8.2 ⎡Layout1⎤ *Layoutbereich*

Neues Layout
Von Vorlage...
Löschen
Umbenennen
Verschieben oder Kopieren...
Alle Layouts auswählen

Vorheriges Layout aktivieren

Seiteneinrichtungs-Manager...
Plotten...

Einrichten der Zeichnungsnorm...

Layout als Plan importieren...
Layout in Model exportieren...

Registerkarten Layout und Modell ausblenden
Auswahloptionen der rechten Maustaste auf ein Layoutregister

Der **Layoutbereich** bringt die im Modellbereich erzeugten Ergebnisse, in ein druckfertiges Format. Üblicherweise hat jede Zeichnung neben dem Modellbereich mehrere Layouts. Jedes Layout kann mit einem eigenen Format (z. B. für verschiedene Drucker oder Blattformate) versehen werden und verschiedene Ansichten des Modellbereiches enthalten.

Ausschnitte des Modellbereichs, werden im Layoutbereich durch Ansichtsfenster realisiert. Ansichtsfenster können in ihrer Position und Größe beliebig bestimmt werden. Der Doppelklick auf ein Ansichtsfenster, ermöglicht eine Bearbeitung des Modellbereiches (innerhalb des Layouts).

4 Fabrikplanung im 2D-Bereich

4.1 Der Arbeitsbereich ZEICHNUNG & BESCHRIFTUNG
4.1.1 Programmstart und Öffnen einer neuen Datei

Starten Sie das Programm **Autodesk® AutoCAD® 2012**. Automatisch sollte eine neue Zeichnung geöffnet werden, falls nicht, erzeugen Sie diese und speichern sie als **Flasche.dwg** in Ihrem Übungsordner ab.

- 🗋 **Neu**
- Vorlage: acadiso.dwt
- [Öffnen]

- 💾 **Speichern**
- Dateiname: [Flasche]
- Dateityp: *.dwg

HINWEIS: Wenn in diesem Buch rechteckige Klammern verwendet werden, bedeutet das eine Tastatureingabe. Tragen Sie dann bitte nur den Wert innerhalb der Klammern ein.

Wählen Sie in der oberen Befehlsleiste den Arbeitsbereich: Zeichnung & Beschriftu **Zeichnung & Beschriftung**. Dieser Arbeitsbereich bietet diverse Register und Befehlsgruppen, welche sich speziell mit der Zeichnungserstellung im 2D-Bereich befassen. In **AutoCAD®** gibt es keine strikte Trennung zwischen dem 2D- und 3D-Arbeitsbereich. Einige Befehle gibt es in beiden Bereichen, für manche Befehle muss der Arbeitsbereich gewechselt werden.

Die folgenden Register bietet der Arbeitsbereich **Zeichnung & Beschriftung**:

- Start
- Einfügen

- Beschriften
- Parametrisch

- 3D-Werkz.
- Rendern

- Ansicht
- Verwalten

- Ausgabe
- Plugins

Dieses Buch wird sich mit einigen, häufig verwendeten Registern, Befehlsgruppen und Befehlen befassen. Andere Bereiche können Sie jederzeit durch eigene Versuche ausprobieren.

4.1.2 Ändern der Fang- und Anzeigeoptionen

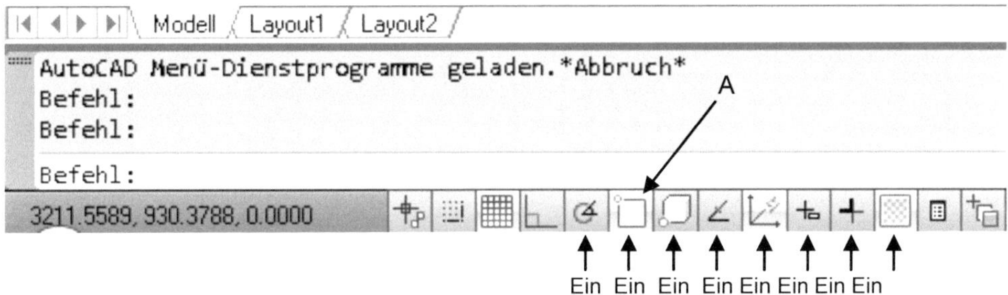

Im unteren Bereich der Programmoberfläche, finden Sie die dargestellten Befehlsoptionen. Aktivieren Sie die oben markierten Optionen. Diese Einstellungen müssen bei jeder Zeichnung kontrolliert werden.

Einstellungen **Objektfang**

Klicken Sie mit der rechten Maustaste auf ☐ **Objektfang** (A) und aktivieren Sie alle Fangoptionen.

- Rechte Maustaste auf ☐ **Objektfang**
- Option: Einstellungen
- Alle auswählen **Alle auswählen**
- Optionen... **Optionen**

Sie befinden sich jetzt in den Programmoptionen. Folgen Sie der Befehlskette.

Aus dem Befehlsfenster **Entwurfseinstellungen** gelangen Sie mittels Button Optionen... **Optionen** in die **Programmoptionen** (siehe Kapitel **Optionen**). Nehmen Sie hier die folgenden Änderungen der Ansichtseinsteinstellungen vor.

4.1.3 Ändern der Ansichtseinstellungen

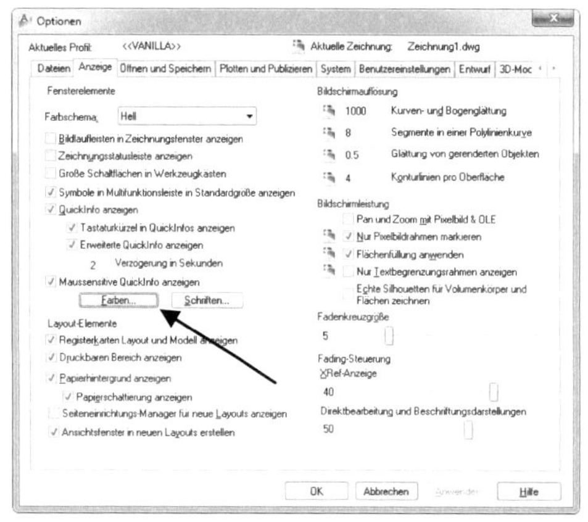

Befehlsfenster **Programmoptionen**

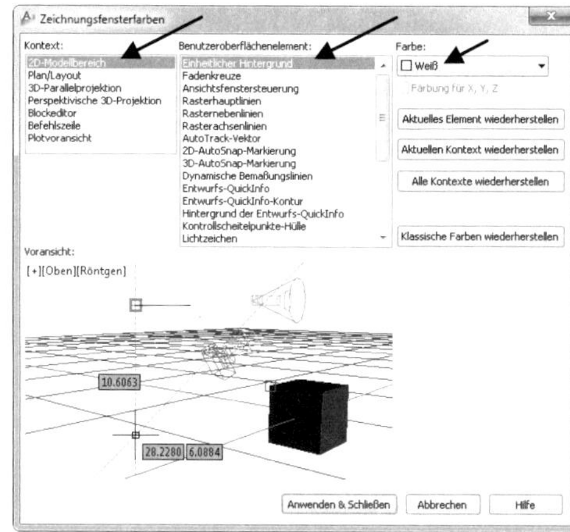

Befehlsfenster **Zeichnungsfensterfarben**

Nachdem Sie die **Programmoptionen** geöffnet haben, wählen Sie im Register **Anzeige** den Button [Farben...] **Farben**. Hier können Sie die Ansicht der Benutzeroberfläche des Programms anpassen. Die Hintergrundfarbe Ihres 2D-Zeichenbereiches ändern Sie z. B. wie folgt:

- [Farben...] **Farben**
- Kontext: 2D-Modellbereich
- Benutzeroberflächenelement: Einheitlicher Hintergrund
- Farbe: (Farbe auswählen)
- [Anwenden & Schließen] Anwenden & Schließen

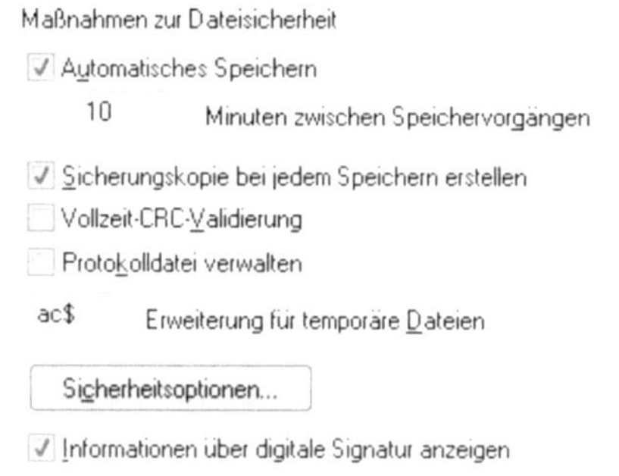

Register **Öffnen und Speichern > Automatisches Speichern**

Zurück in den **Programmoptionen** wechseln Sie bitte in das Register **Öffnen und Speichern** und kontrollieren im Bereich **Maßnahmen zur Datensicherheit**, ob die Option **Automatisches Speichern** aktiviert ist.

Tragen Sie eine Zeitspanne von [10] Minuten ein und beenden Sie die **Programmoptionen** anschließend mit [OK] **Ok**.

4.2 ZEICHNUNG & BESCHRIFTUNG > Register: START
4.2.1 Befehlsgruppe: LAYER

Das erste Register im Arbeitsbereich **Zeichnung & Beschriftung**, welches in diesem Übungsbuch betrachtet werden soll, ist das Register **Start**. Die folgenden Befehlsgruppen finden Sie hier:

- Zeichnen
- Ändern
- Layer

- Beschriftung
- Block
- Eigenschaften

- Gruppen
- Dienstprogramme
- Zwischenablage

Dieses Register ist eine Zusammenfassung, der am häufigsten verwendeten Zeichen- und Bearbeitungsbefehle aus dem 2D-Arbeitsbereich.

4.2.1.1 Befehlsgrundlagen: Layereigenschaften

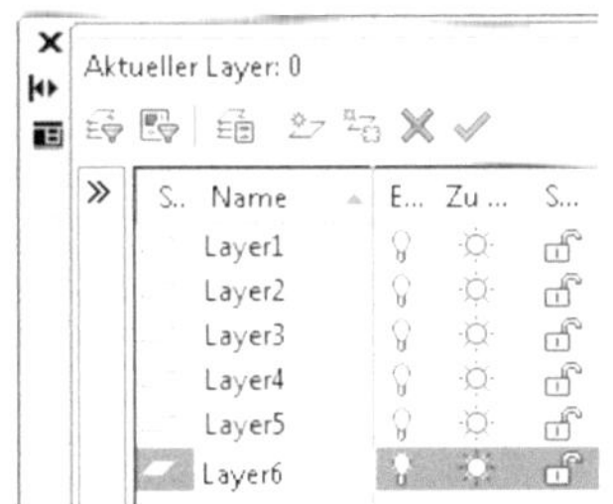

Auszug aus den **Layereigenschaften**

FUNKTION

- Öffnet den Layereigenschaften-Manager

TASTATURBEFEHL

- [LAYER]

OPTIONEN

- 🔀 Ordnen der Layer nach einer gewählten Eigenschaft
- 🔀 Ordner der Layer mittels Gruppen

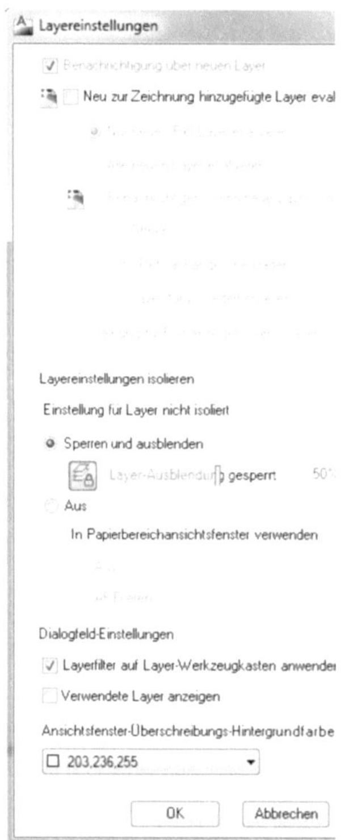

Auszug aus den *Layereinstellungen*

- 🖫 Speichert die aktuellen Layerdefinitionen der Zeichnung
- ⚡ Definiert einen neuen Layer
- ⚡ Definiert einen neuen Layer und friert ihn in allen Ansichtsfenstern (nicht sichtbar)
- ✗ Löscht gewählte, nicht referenzierte, Layer
- ✔ Gewählten Layer aktuell machen (Arbeitslayer)
- ♻ Aktualisieren der verwendeten Layer in der Zeichnung
- 🔧 Dialogfeld für Layereinstellungen
- 🔍 Suche nach einem Layer

- <u>Fenster: Filter</u>
- Wahl einer voreingestellten Filter-/ Gruppenoption

- <u>Fenster: Listenfeld</u>
- [Ein]: Sichtbarkeit ein-/ ausschalten
- [Zu frierenden]: Sichtbarkeit frieren/ tauen
- [Sperre]: Gegen Änderung sperren/ entsperren
- [Farbe]: Zuweisung der Farbe
- [Linientyp]: Vordefinierten Linientyp zuweisen
- [Linienstärke]: Vordefinierte Linienstärke zuweisen
- [Transparenz]: Ändert Intensität der Layer-Darstellung
- [Plotstil]: Layer zum Drucken freigeben/ sperren
- [Frieren in neuen AF]: In einem neuen Ansichtsfester wird der gewählte Layer nicht angezeigt
- [Beschreibung]: Kommentar zu gewähltem Layer

4.2.1.2 Erzeugen des Layers: Flasche

Ein Layer weist einem Zeichenobjekt eine definierte Eigenschaft (Farbe, Sichtbarkeit, Stärke) zu. Vor dem Zeichnen des ersten 2D-Objektes, soll ein neuer ⚡ *Layer* erzeugt werden.

Starten Sie die 🖫 *Layereigenschaften* und folgen Sie der Befehlskette.

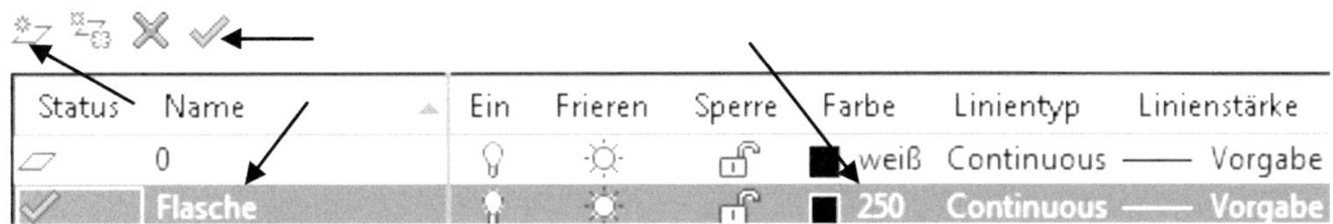

- ⊞ ***Layereigenschaften***
- ⊿⁊ Neuer Layer
- Name: [Flasche]

- Farbe: [250]
- ✓ Layer aktivieren
- Layereigenschaften schließen

HINWEIS: Klicken Sie auf den Wert eines Layers, um diesen zu ändern. Ein Layer ist aktiviert, wenn in der Spalte **Status** der ✓ **grüne Haken** erscheint.

4.2.2 Befehlsgruppe: ZEICHNEN

Die Befehlsgruppe **Zeichnen** enthält verschiedene Grundbefehle und kann durch einen Klick auf das kleine ▾ Dreieck (neben Zeichnen) erweitern werden.

4.2.2.1 Befehlsgrundlagen: Kreis durch Mittelpunkt und Radius

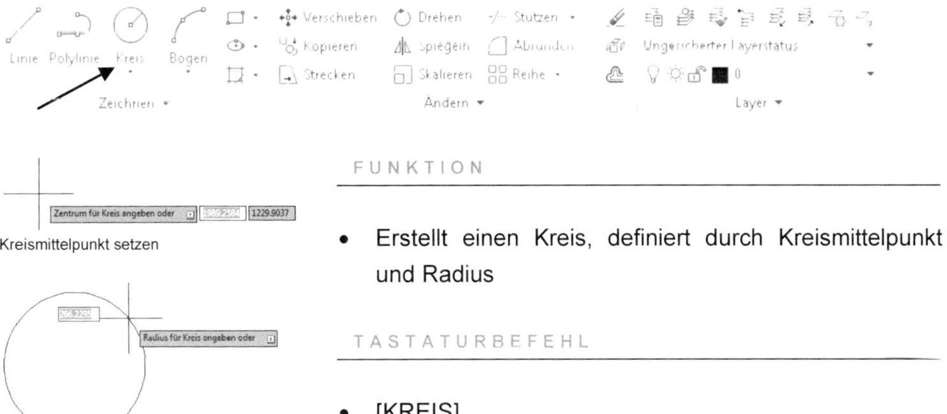

Kreismittelpunkt setzen

Wert für Radius wählen

F U N K T I O N

- Erstellt einen Kreis, definiert durch Kreismittelpunkt und Radius

T A S T A T U R B E F E H L

- [KREIS]

- [3P]: Zeichnet einen Kreis mittels drei Punkten
- [2P]: Zeichnet einen Kreis mittels zwei Punkten
- [Ttr]: Zeichnet einen Kreis mittels zwei Tangenten und einer Radiusangabe
- [Durchmesser]: Durchmesser- statt Radiusangabe

4.2.2.2 Flasche mittels Kreis zeichnen

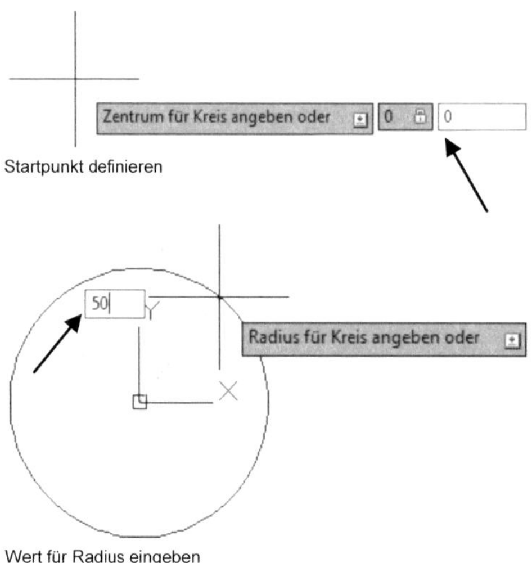

Im ersten Schritt soll ein einfacher Kreis gezeichnet werden. Dieser soll das erste Zeichenelement (eine Flasche), mit einem Radius von 50 mm darstellen.

- ⊘ **_Kreis durch Mittelpunkt & Radius_**
- (Befehlsgruppe: Zeichnen)
- Startpunkt definieren: [0] > [Tab] > [0]
- [Enter]
- Wert für Radius angeben: [50]
- [Enter]

⊟ **Speichern** Sie die Zeichnung anschließend. Verwenden Sie danach den Befehl ⊟ **Speichern unter**, um eine Kopie der die Zeichnung als [Kasten_Voll.dwg] zu speichern.

- ⊟ **_Speichern unter_**
- Dateiname: [Kasten_Voll]
- Dateityp: *.dwg

4.2.2.3 Layer für Flaschenkasten erzeugen

In der neuen Zeichnung (Kasten_Voll.dwg) wird ein weiterer Layer benötigt. Starten Sie die ⊟ **Layereigenschaften** und erzeugen Sie den Layer **Flaschenkasten**.

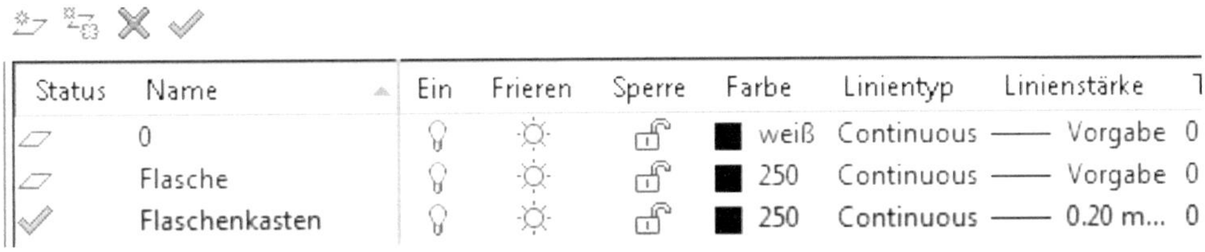

Status	Name	Ein	Frieren	Sperre	Farbe	Linientyp	Linienstärke	T
▱	0	💡	☼	🔓	■ weiß	Continuous	—— Vorgabe	0
▱	Flasche	💡	☼	🔓	■ 250	Continuous	—— Vorgabe	0
✓	Flaschenkasten	💡	☼	🔓	■ 250	Continuous	—— 0.20 m...	0

- ▤ ***Layereigenschaften***
- (Befehlsgruppe: Layer)
- ✱ Neuer Layer
- Name: [Flaschenkasten]
- Farbe: [250]
- ✓ Layer aktivieren
- Layereigenschaften schließen

4.2.2.4 *Befehlsgrundlagen: Rechteck durch zwei Punkte*

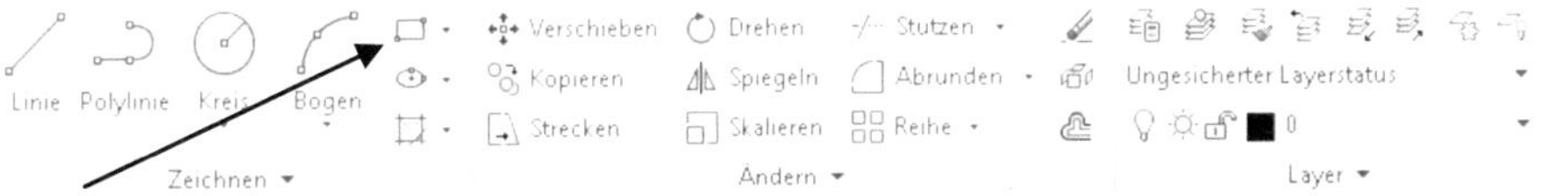

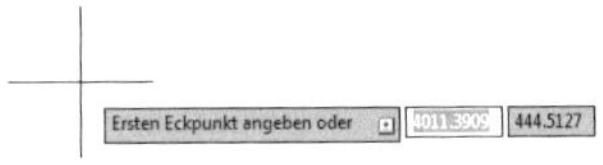

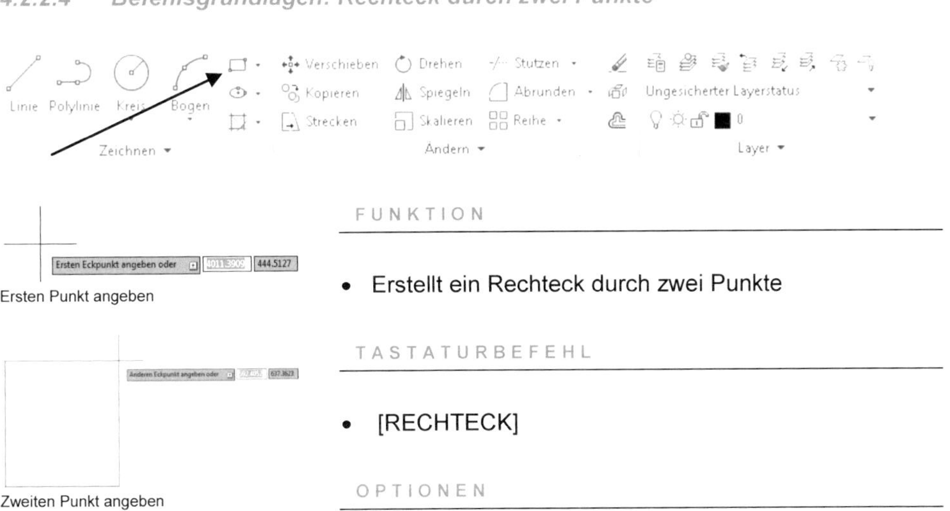

Ersten Punkt angeben

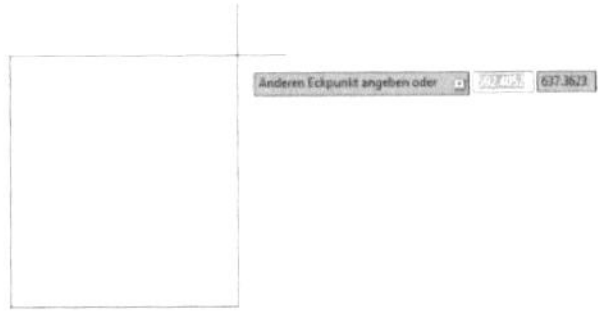

Zweiten Punkt angeben

FUNKTION

- Erstellt ein Rechteck durch zwei Punkte

TASTATURBEFEHL

- [RECHTECK]

OPTIONEN

- [Fasen]: Definiert die Fasengestaltung am Rechteck
- [Erhebung]: Definiert den Abstand der Zeichenebene in Z-Richtung
- [Abrunden]: Definiert die Abrundungen der Ecken
- [Objekthöhe]: Bestimmt für das Rechteck die Höhe
- [Breite]: Definiert die Linienbreite des Rechtecks
- [Fläche]: Über Flächenangabe werden die Seiten definiert
- [Abmessungen]: Eingabe der Seitenlängen
- [Drehung]: Definiert die Ausrichtung des Rechtecks

4.2.2.5 Außenkontur des Wasserkastens durch Rechteck darstellen

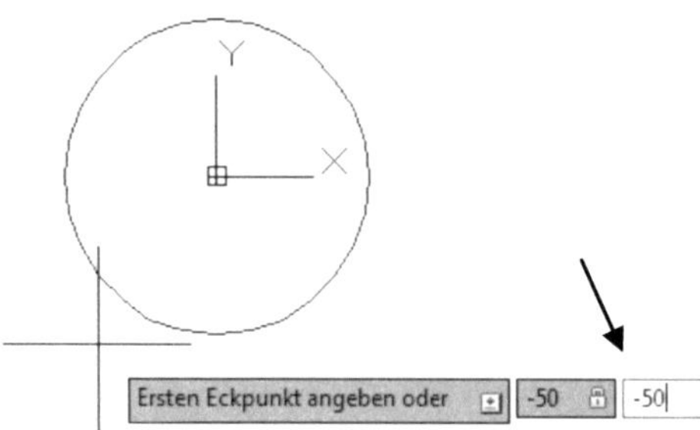

Ersten Eckpunkt angeben

Zweiten Eckpunkt angeben

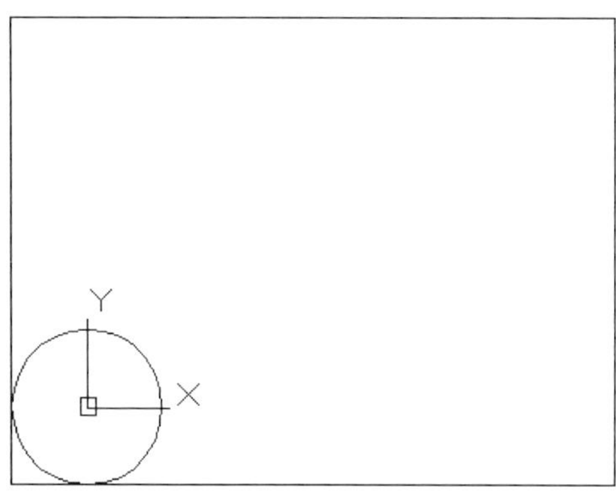

Rechteck durch zwei Punkte

Der erste Teil des Flaschenkastens, soll durch zwei **Rechtecke** dargestellt werden. Zeichnen Sie im ersten Schritt die Außenkontur des Wasserkastens, anschließend dann ein weiteres Rechteck für die erste Flaschenreihe.

Ein **Rechteck durch zwei Punkte** wird durch die Angabe zweier Punktkoordinaten, oder das freie Setzen zweier Punkte mit der linken Maustaste definiert.

Wir verwenden die Koordinateneingabe. Das erste Wertepaar legt die Position des Startpunktes fest, das zweite Länge und Breite des Rechtecks.

Bei der Eingabe der Koordinaten für Länge und Breite des Rechtecks, muss auf die Position des Mauszeigers geachtet werden, da dies die Richtung des aufzuspannenden Rechtecks definiert.

- **⬚ Rechteck durch zwei Punkte**
- (Befehlsgruppe: Zeichnen)
- Erster Punkt: [-50] > [Tab] > [-50]
- [Enter]
- Maus nach oben, rechts ziehen
- Zweiter Punkt: [400] > [Tab] > [300]
- [Enter]

HINWEIS: Achten Sie darauf, den Mauszeiger rechts, oberhalb des Kreises zu positionieren, bevor Sie den zweiten Punkt des Rechtecks definieren. Diese Positionierung bestimmt die Richtung, in welche das Rechteck aufgespannt wird.

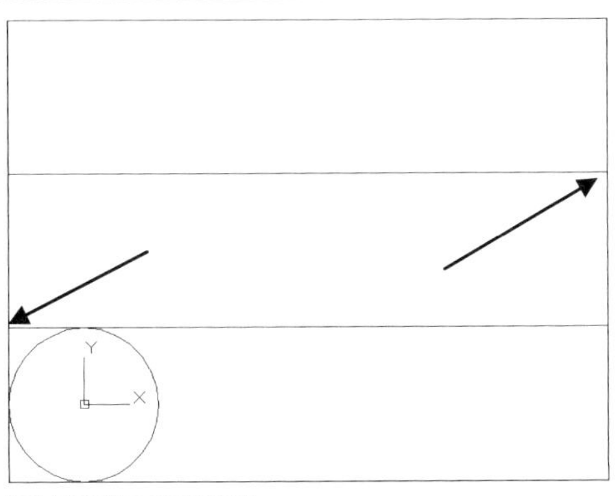

Rechteck durch zwei Punkte

Zeichnen Sie anschließend das zweite Rechteck, um die drei Reihen des Kastens zu definieren.

- **_Rechteck durch zwei Punkte_**
- Erster Punkt: [-50] > [Tab] > [50]
- [Enter]
- Maus nach oben rechts ziehen
- Zweiter Punkt: [400] > [Tab] > [100]
- [Enter]

4.2.2.6 Befehlsgrundlagen: Linie

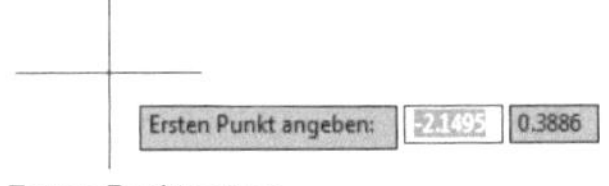

Ersten Punkt setzen

FUNKTION

- Erstellt eine gerade Linie aus zwei oder mehreren Punkten (als einzelne Linienzüge)

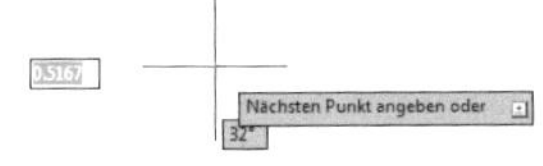

Nächsten Punkt setzen

TASTATURBEFEHL

- [LINIE]

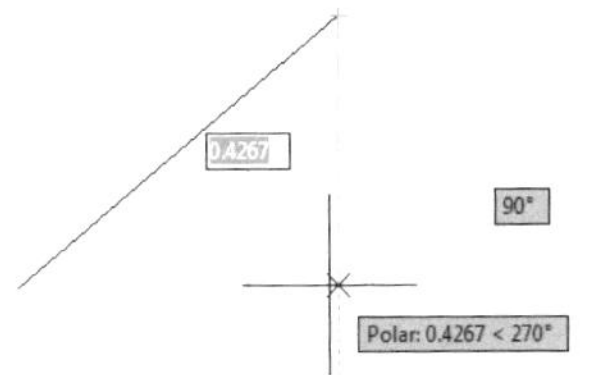

Nächsten Punkt setzen

OPTIONEN

> [Schließen]: Schließt den Linienzug
> [Zurück]: Springt zum letzten Punkt zurück

4.2.2.7 Wasserkasten mit einer Linie erweitern

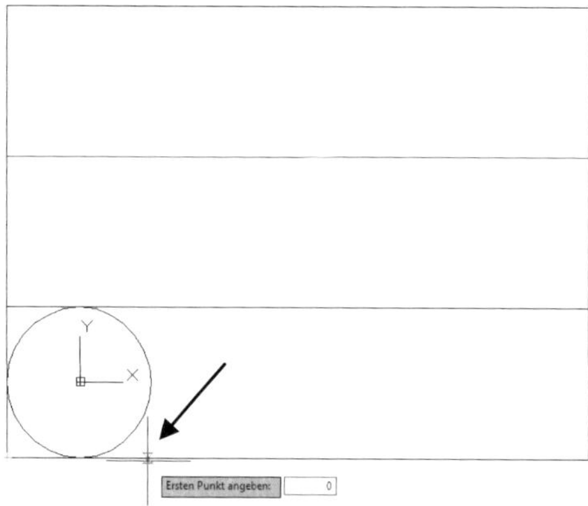

Ersten Punkt angeben

Eine ✏ **Linie** soll die Spalten des Wasserkastens kennzeichnen. Linien werden (wie auch Rechtecke) durch die Angabe zweier Punktkoordinaten, oder das freie Setzen zweier Punkte mit der linken Maustaste definiert.

Wir verwenden erneut die Koordinateneingabe. Das erste Wertepaar legt die Position des Startpunktes fest, das zweite definiert Länge und Richtungswinkel (in Bezug zum BKS) der Linie. Die Position des Mauszeigers bei der Eingabe des zweiten Wertepaares ist bei diesem Befehl irrelevant.

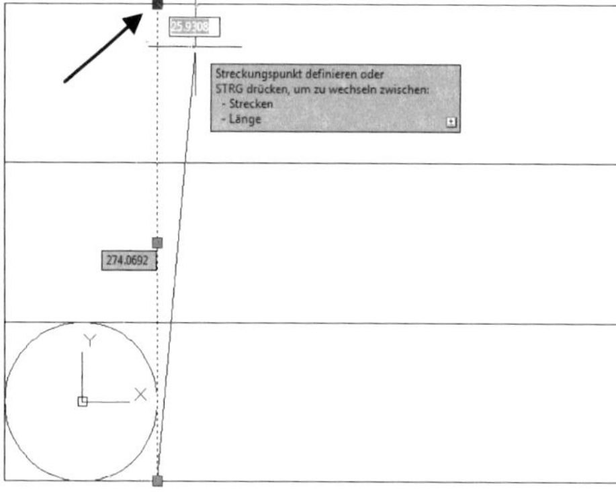

Zweiten Punkt angeben

- ✏ **Linie**
- (Befehlsgruppe: Zeichnen)
- Erster Punkt: [50] > [Tab] > [-50]
- [Enter]
- Zweiter Punkt: [300] > [Tab] > [90]
- [Enter]

4.2.3 Befehlsgruppe: ÄNDERN

Die Befehlsgruppe **Ändern** enthält verschiedene Befehle zur Bearbeitung von 2D-Zeichenelementen. Die Befehlsgruppe kann durch einen Klick auf das kleine ▼ Dreieck erweitern werden.

4.2.3.1 Befehlsgrundlagen: Kopieren

Objekt wählen

FUNKTION

- Kopiert Objekte und ermöglicht eine Platzierung der Kopien mittels Basispunkt

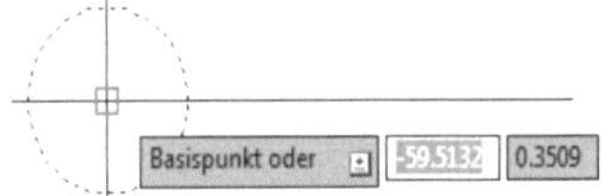

Basispunkt der Verschiebung wählen

TASTATURBEFEHL

- [KOPIEREN]

OPTIONEN

Objekt an neuer Position ablegen

- [Verschiebung]: Bietet relative Koordinateneingabe
- [Modus]: Einzelne oder mehrfache Vervielfältigung
- [Anordnung]: Bietet eine lineare Anordnung an
- [Beenden]: Beendet das Kopieren
- [Rückgängig]: Im Modus: **Mehrfachvervielfältigung** bietet dieser Befehl die Korrektur einer Platzierung an ohne den Befehl abbrechen zu müssen

Weitere Zielpunkte setzen

4.2.3.2 Kopieren der Linie

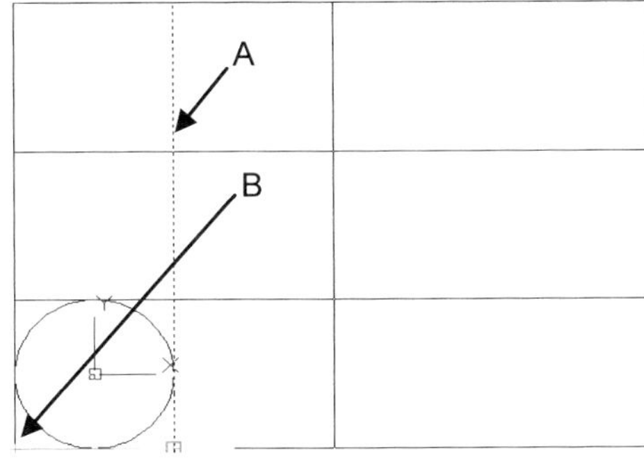

Linie wählen, Basispunkt wählen, ersten Einfügepunkt wählen

Die erzeugte Linie soll jetzt zweimal **Kopiert** werden. Wählen Sie die Linie, dann den Basis-Referenzpunkt und anschließend die gewünschten Zielpunkte.

- **Kopieren**
- (Befehlsgruppe: Ändern)
- Linie markieren (A)
- [Enter]
- Basispunkt der Kopie wählen (B)

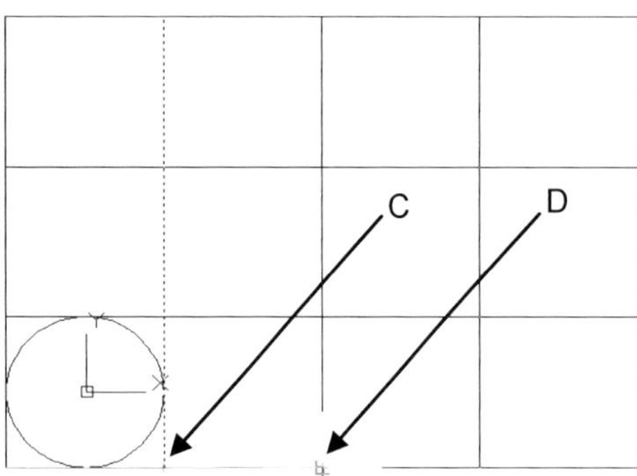

- Ersten Einfügepunkt wählen (C)
- Zweiten Einfügepunkt wählen (D)
- [Esc]

HINWEIS: Der Basis-Referenzpunkt muss nicht auf dem zu kopierenden Objekt liegen, sondern kann (wie in unserem Beispiel) in beliebigem Abstand platziert werden.

Zweiten Einfügepunkt wählen

4.2.3.3 Layer wechseln

Der Flaschenkasten ist komplett. Jetzt soll die einzelne Flasche (Kreis) kopiert werden. Hierfür ist es notwendig, den Layer Flasche zu aktivieren.

- 🗐 **_Layereigenschaften_**
- ✓ Layer **_Flasche_** aktivieren
- Layereigenschaften schließen

HINWEIS: Achten Sie bei allen Arbeitsschritten auf die korrekte Layereinstellung, um Zeichenobjekte nicht einem falschen Layer zuzuweisen.

4.2.3.4 Befehlsgrundlagen: Rechteckige Anordnung (Reihe)

Objekt wählen

Virtuelles Rechteck mit der Maus aufziehen um Anzahl der Zeilen und Spalten zu bestimmen

FUNKTION

- Erstellt Kopien von Objekten und ordnet diese rechteckig (auch dreidimensional) an

TASTATURBEFEHL

- [REIHERECHTECK]

Abstand der Objekte zueinander (horizontal/vertikal) festlegen

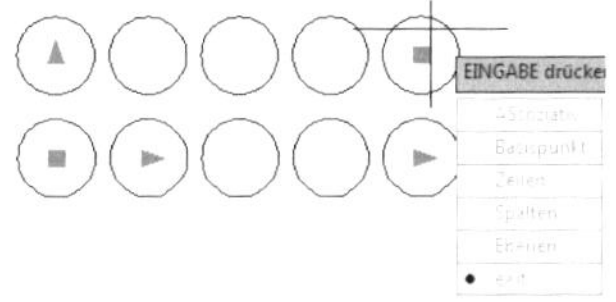

Eingaben bestätigen oder eine der Optionen wählen um die Einstellungen zu ändern

OPTIONEN

- [Basispunkt]: Wahl eines Basispunktes für Abstände
- [Winkel]: Winkel zwischen der Diagonalen des virtuellen Rechtecks und der X-Achse des BKS
- [Anzahl]: Zeilen- und Spaltenanzahl
- [Abstand]: Zeilen- und Spaltenabstand
- [Ausdruck]: Wertermittlung über mathematische Gleichung
- [Assoziativ]: Legt fest, ob die Elemente nach deren Erzeugung voneinander abhängig sind
- [Zeilen]: Bearbeitet die Zeilenanzahl
- [Spalten]: Bearbeitet die Spaltenanzahl
- [Ebenen]: Anordnung erfolgt in mehreren Ebenen (3D)
- [Gesamt]: Abstand wird nicht zwischen den einzelnen Kopien sondern zwischen erster und letzter Kopie angegeben
- [Exit]: Beendet den Befehl

4.2.3.5 Flasche kopieren und rechteckig anordnen

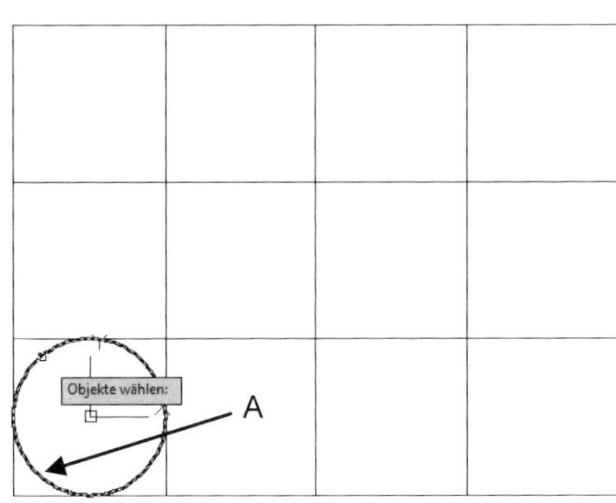

Kreis wählen

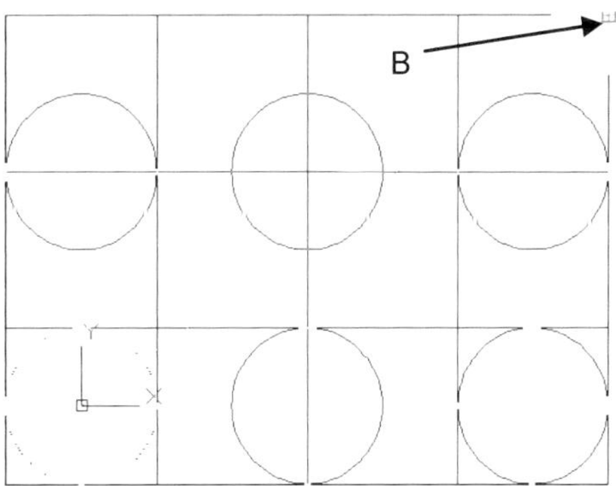

Markierten Punkt zweimal nacheinander wählen

Der Kreis (Flasche) soll mittels Befehl **Reihe** kopiert und rechteckig angeordnet werden.

Anzahl und Abstand der Spalten und Reihen der Anordnung, kann während der Befehlsausführung oder danach definiert werden. Wir verwenden die zweite Option.

Die rechteckige Anordnung der Kreise soll vorerst vereinfacht erzeugt, anschließend mit einer vom Programm angebotenen, grafischen Oberfläche bearbeitet werden.

- ▦ **Reihe**
- (Befehlsgruppe: Ändern)
- Kreis markieren (A)
- [Enter]

- Markierten Punkt wählen (B)
- Markierten Punkt erneut wählen (B)
- [Enter]

HINWEIS: Diese Vorgehensweise zur Erzeugung einer rechteckigen Anordnung vereinfacht den Befehl, da für die Bearbeitung einer Anordnung eine sehr übersichtliche grafische Oberfläche zur Verfügung gestellt wird.

4.2.3.6 Bearbeiten der Anordnung

Markieren Sie die neu erzeugte Anordnung, indem Sie einen der Kreise mit der linken Maustaste anklicken. Das neue Register **Anordnung** stellt eine sehr übersichtliche Benutzeroberfläche zur Verfügung, mit deren Hilfe die vorhandene Anordnung angepasst werden kann.

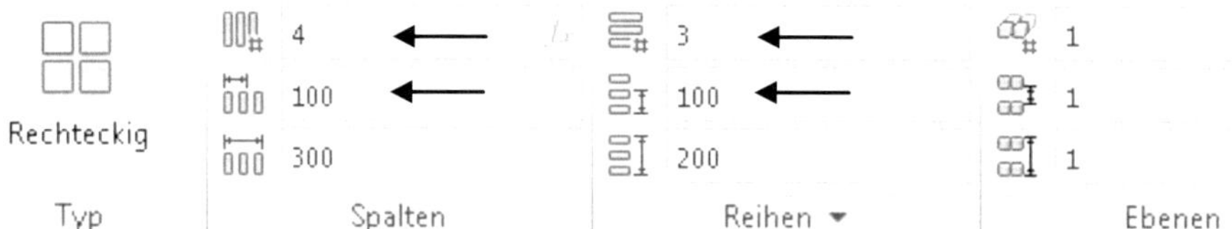

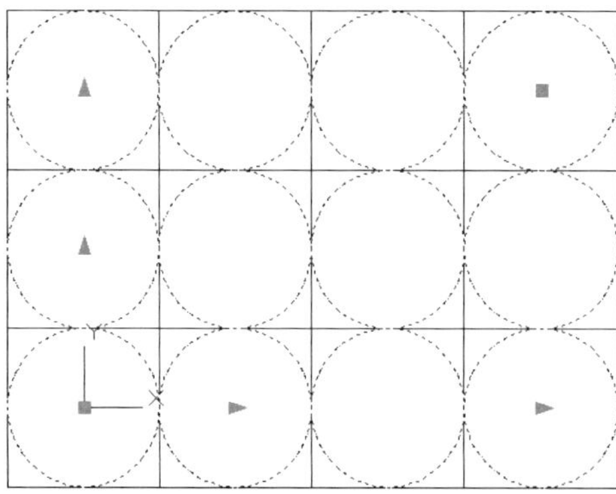

Flaschen in 4 Spalten und 3 Zeilen angeordnet

Ändern Sie die folgenden Werte:

- Spaltenanzahl: 4
- Spaltenabstand: 100
- Zeilenanzahl: 3
- Zeilenabstand: 100

Beenden Sie die Bearbeitung anschließend mit [Esc] und ▤ **speichern** Sie die Zeichnung.

Starten Sie den Befehl ▤ **Speichern unter** und legen Sie die Kopie der Zeichnung, unter dem Dateinamen **Kasten_Leer.dwg** ab.

4.2.3.7 Ableiten der vorhandenen Zeichnung

Um aus einem gefüllten Wasserkasten einen leeren Wasserkasten zu erzeugen, müssen alle Kreise aus der Zeichnung gelöscht werden.

Diese könnten alle einzeln markiert und anschließend gelöscht werden (Taste [Entf]), oder in einem Schritt mittels Befehl *Löschen*. Dieser Befehl löscht einen Layer und alle darauf befindlichen Objekte. Vorab muss der aktuelle Layer *Flasche* allerdings gewechselt werden, da ein aktiver Layer nicht gelöscht werden kann. Aktivieren Sie den Layer *Flaschenkasten*.

Status	Name		Ein	Frieren	Sperre	Farbe		Linientyp	Linienstärke
	0		♀	☼	🔓	■ weiß		Continuous	—— Vorgabe
	Flasche		♀	☼	🔓	■ 250		Continuous	—— Vorgabe
✓	Flaschenkasten		♀	☼	🔓	■ 250		Continuous	—— 0.20 m...

- *Layereigenschaften*
- Layer *Flaschenkasten* aktivieren
- Layereigenschaften schließen

4.2.3.8 Prüfen der korrekten Layer-Zuordnung durch Ausblenden eines Layers

Vor dem Löschen des Layers *Flasche* sollten Sie zur Sicherheit einen Test durchführen. Alle Linien und Rechtecke sollten dem Layer *Flaschenkasten*, alle Kreise dem Layer *Flasche* zugeordnet sein. Um das zu prüfen, führen Sie die folgende Übung durch:

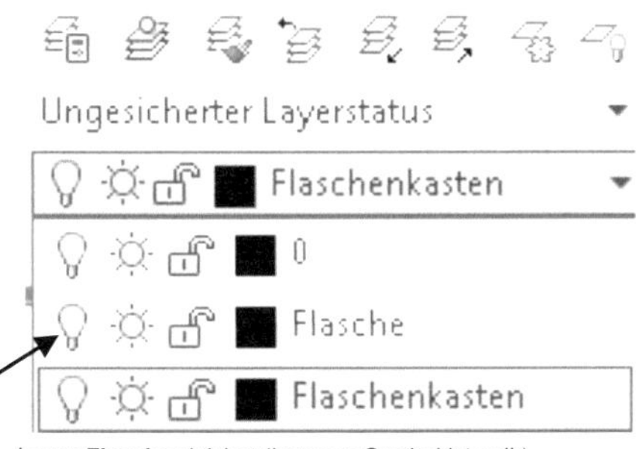

Layer *Flasche* aktiviert (Lampen-Symbol ist gelb)

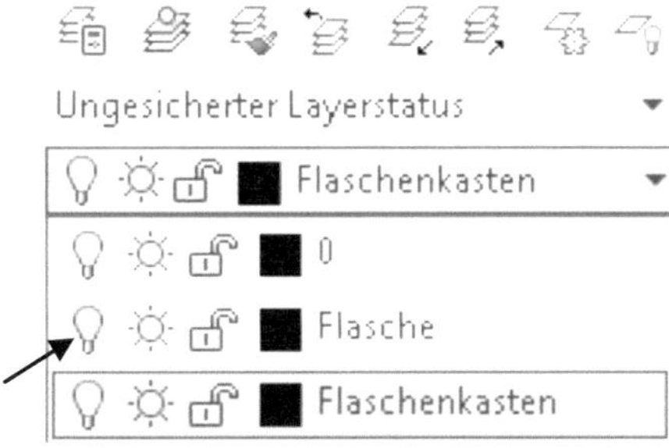

Layer *Flasche* deaktiviert (Lampen-Symbol ist grau)

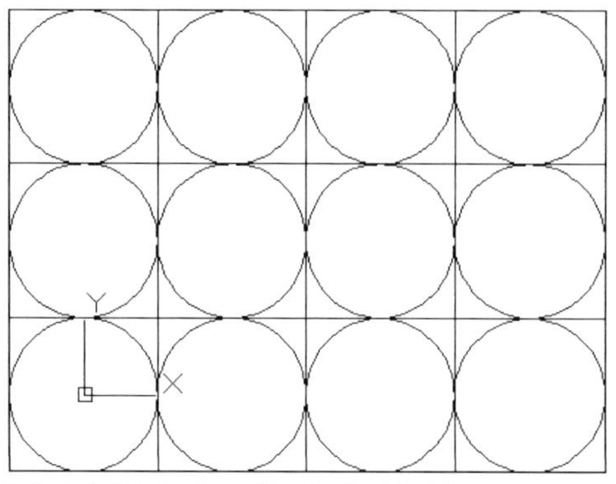

Kreise bei aktiviertem Layer *Flasche* eingeblendet

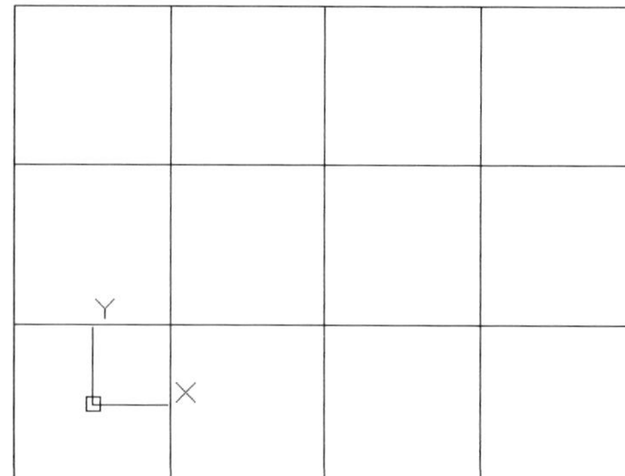

Kreise bei deaktiviertem Layer *Flasche* ausgeblendet

- ♀ ☼ 🔓 ■ Flaschenkasten ▾ **Layerbereich öffnen**
- ♀ Layer *Flasche* ausblenden (Klick auf das Leuchtensymbol des Layers)
- Prüfen ob nur die Kreise ausgeblendet wurden
- ♀ Layer *Flasche* wieder einblenden (Klick auf das Leuchtensymbol des Layers)

HINWEIS: Layer ein- oder ausblenden können Sie, indem Sie mit der linken Maustaste auf das ♀ **Leuchtensymbol** des entsprechenden Layers klicken. Ein Layer darf **nicht** ✓ **aktiviert** sein, wenn er ausgeblendet werden soll!

Sollten Linien oder Rechtecke des Kastens bei diesem Test ebenfalls ausgeblendet worden sein, müssen diese dem korrekten Layer zugeordnet werden. Verwenden Sie in diesem Fall den Befehl 🔧 **Entsprechung**.

4.2.3.9   Befehlsgrundlagen: Löschen

Löscht alle Objekt eines Layers aus der Zeichnung. Nachdem der Befehl gestartet wurde, muss ein Objekt des zu bereinigenden Layers gewählt werden. Alle restlichen Objekte auf diesem Layer werden dann ebenfalls gelöscht. Dieser Layer darf nicht aktiv sein.

TASTATURBEFEHL: [LAYLÖSCH]

4.2.3.10 Löschen des Layers Flasche und der zugeordneten Kreise

Sind lediglich die Kreise dem Layer **Flasche** zugeordnet, kann dieser gelöscht werden. Starten Sie den Befehl ⨯ **Löschen**, wählen Sie einen der Kreise und bestätigen Sie im Eingabefenster mit [**Ja**].

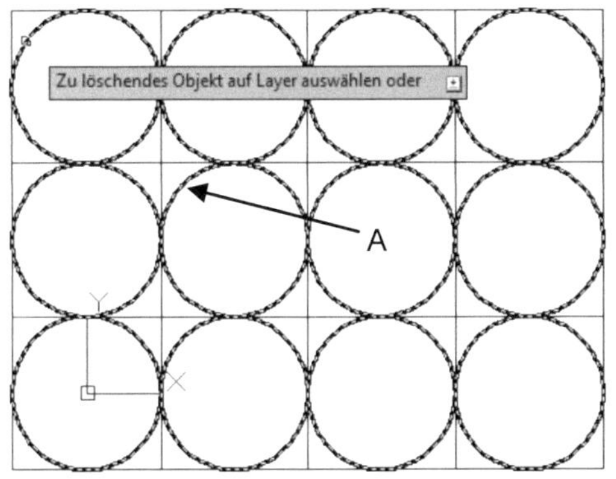

Kasten mit Flaschen auf Layer **Flasche**

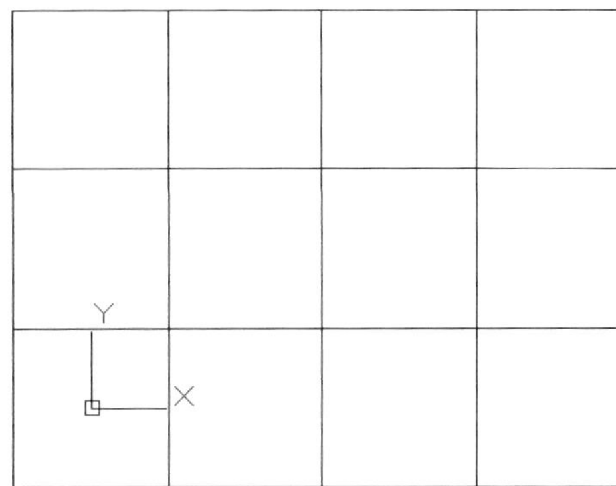

Kasten ohne Flaschen (Layer **Flasche** gelöscht)

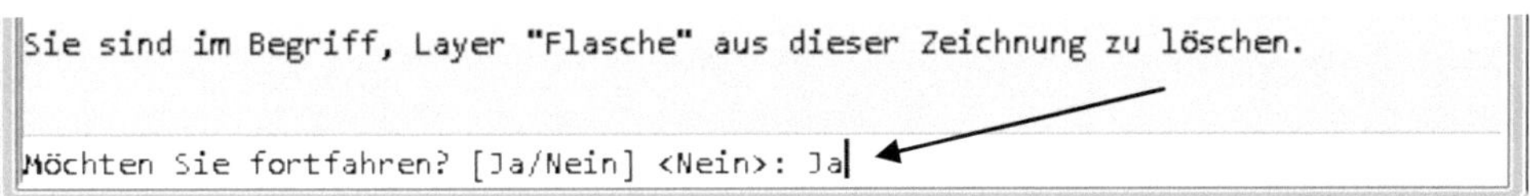

Eingabefenster des Befehls **Löschen**, zur Bestätigung des korrekten Layers

- ⨯ **Löschen**
- (Befehlsgruppe: Layer aufklappen)
- Einen der Kreise wählen (A)

- Im Eingabefenster: [Ja] eingeben
- [Enter]

Die Zeichnung kann anschließend 🖫 **gespeichert** und geschlossen werden.

HINWEIS: Der Befehl ⨯ **Löschen** löscht alle einem Layer zugeordneten Objekte einer Zeichnung. Um diesen Befehl verwenden zu können, darf der zu löschende Layer **nicht** ✓ **aktiviert** sein.

4.2.3.11 Erzeugen des Layers: Palette

Öffnen Sie die ▤ **Layereigenschaften** und erzeugen Sie einen neuen Layer **Palette**.

Status	Name		Ein	Frieren	Sperre	Farbe		Linientyp	Linienstärke
◇	0	▲	♀	☼	🔓	■	weiß	Continuous	—— Vorgabe
◇	Flasche		♀	☼	🔓	■	250	Continuous	—— Vorgabe
✓	Palette		♀	☼	🔓	□	250	Continuous	—— Vorgabe
◇	Flaschenkasten		♀	☼	🔓	■	250	Continuous	—— 0.20 m...

- ⛶ ***Layereigenschaften***
- ⚟ Neuer Layer
- Name: [Palette]

- Farbe: [250]
- Layer ✓ aktivieren
- Layereigenschaften schließen

4.2.3.12 Zeichnen einer gefüllten Palette

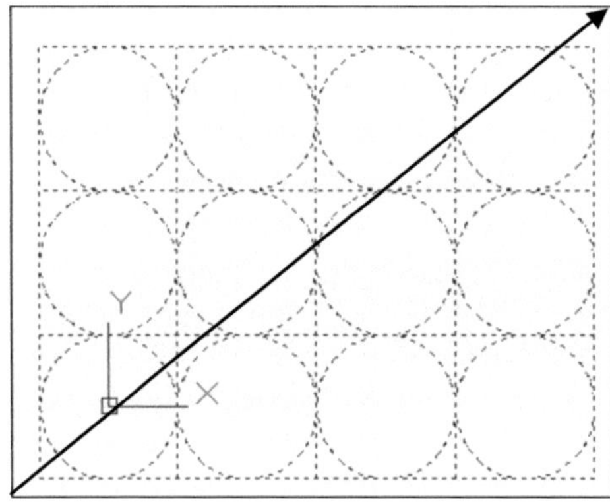
Fenster über vorhandene Objekte aufziehen

Auf der Palette (1200 x 800 mm), werden bei einem Kastenmaß (300 x 400 mm) in einer Ebene 4 x 2 Kästen Platz finden. Die Zeichnung ***Kasten_Voll.dwg*** soll als Basis dienen.

Öffnen Sie diese Zeichnung und ordnen Sie die darin enthaltenen Objekte mittels Befehl ⊞ ***Reihe*** rechteckig an.

- 📂 ***Öffnen***
- Datei: Kasten_Voll.dwg

- 💾 ***Speichern unter***
- Dateiname: [Palette_Voll]
- Dateityp: *.dwg

- ⊞ ***Reihe***
- (Befehlsgruppe: Ändern)
- Fenster über alle Objekte aufziehen
- [Enter]
- Markierten Punkt wählen (A)
- Markierten Punkt erneut wählen (A)
- [Enter]

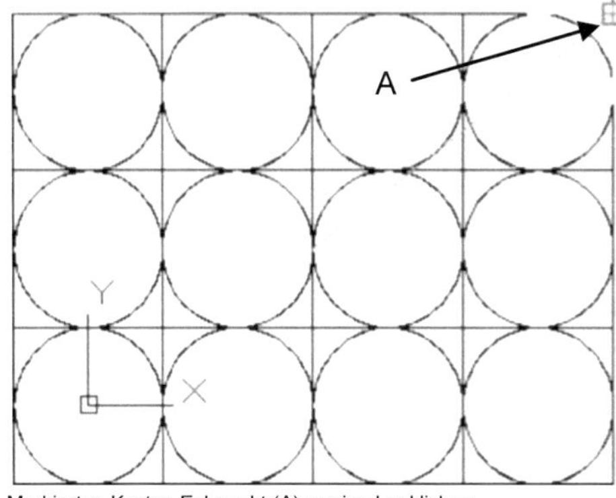

Markierten Kasten-Eckpunkt (A) zweimal anklicken

> **_HINWEIS_**: Der markierte Punkt (A), ist der obere, rechte Punkt des vorhandenen großen Rechtecks.

Auch bei diesem Befehl ⊞ **_Reihe_**, soll die rechteckige Anordnung vorerst vereinfacht dargestellt und anschließend bearbeitet werden.

4.2.3.13   Bearbeiten der Anordnung

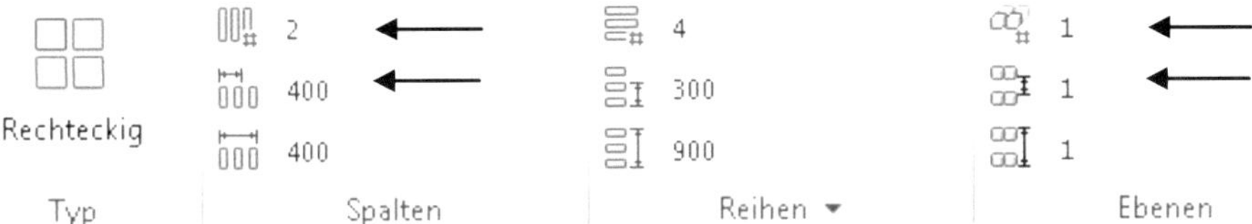

Kästen in 2 Spalten und 4 Zeilen angeordnet

Markieren Sie den Kasten mit der linken Maustaste und ändern Sie im Register **_Anordnung_** die folgenden Werte:

- Spaltenanzahl: 2
- Spaltenabstand: 400
- Zeilenanzahl: 4
- Zeilenabstand: 300

Nachdem die Werte eingegeben wurden, sollte die Anordnung der Kästen (wie links abgebildet) dargestellt werden. Die Bearbeitung kann jetzt mit [Esc] beendet werden. 🖫 **_Speichern_** Sie die Datei und erzeugen Sie eine neue Kopie unter den Namen **_Palette_Leer.dwg_**.

- 🖫 **_Speichern_**

- 🖫 **_Speichern unter_**
- Dateiname: [Palette_Leer]
- Dateityp: *.dwg

4.2.3.14 Befehlsgrundlagen: Polylinie (BG: ZEICHNEN)

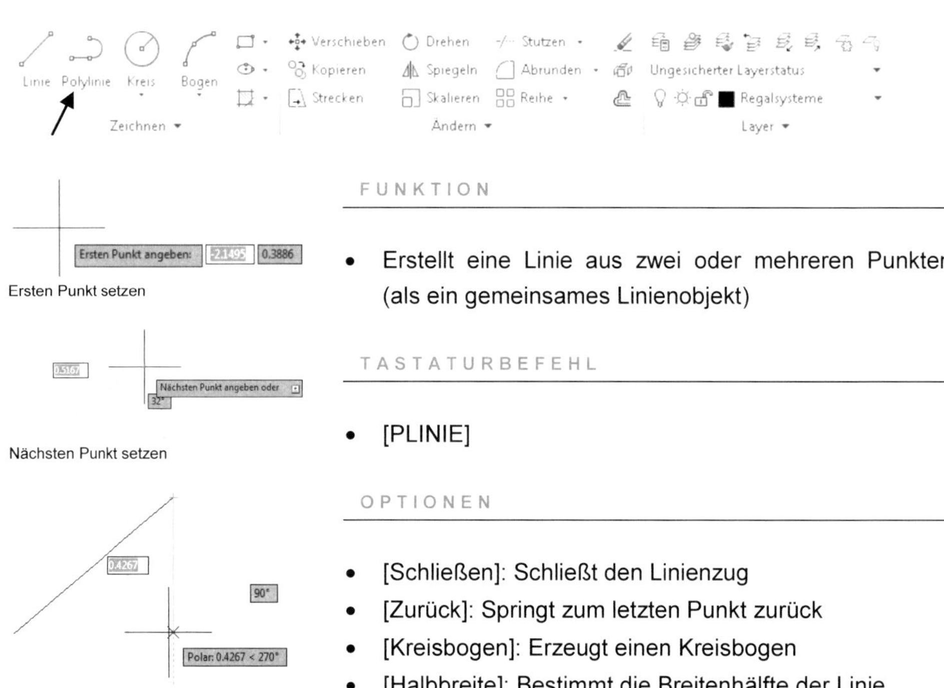

FUNKTION

- Erstellt eine Linie aus zwei oder mehreren Punkten (als ein gemeinsames Linienobjekt)

TASTATURBEFEHL

- [PLINIE]

OPTIONEN

- [Schließen]: Schließt den Linienzug
- [Zurück]: Springt zum letzten Punkt zurück
- [Kreisbogen]: Erzeugt einen Kreisbogen
- [Halbbreite]: Bestimmt die Breitenhälfte der Linie
- [Sehnenlänge]: Definiert eine Sehnenlänge
- [Breite]: Bestimmt die Breite der Linie

4.2.3.15 Leere Palette mittels Polylinie darstellen

Die leere Palette soll aus der Außenkontur der angeordneten Kästen und zweier, sich kreuzender Linien bestehen.

Im folgenden Schritt soll die Außenkontur der Palette mittels **Polylinie** gezeichnet werden. Zeichnen Sie eine Polylinie aus vier Punkten und verwenden Sie den Tastaturbefehl [S] (Schließen), um den letzten mit dem ersten Polylinienpunkt zu verbinden und eine geschlossene Linienkontur zu erzeugen.

Anschließend kann die Anordnung der Kästen aus der Zeichnung entfernt werden.

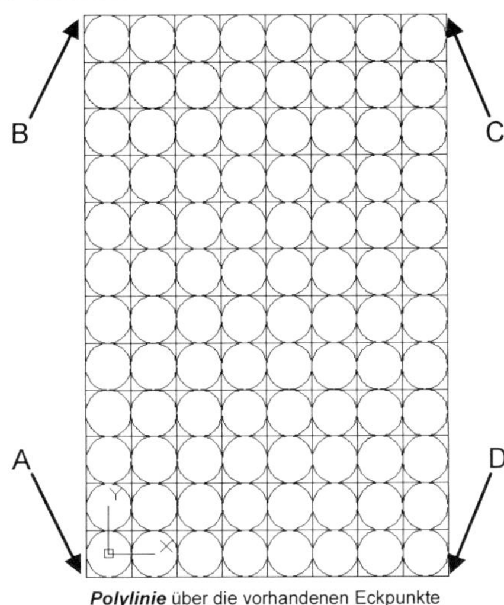

Polylinie über die vorhandenen Eckpunkte

Die Außenkontur der Palette, soll in der nächsten Übung über die bereits vorhandenen Eckpunkte der Kasten-Anordnung gelegt werden. Starten Sie im Punkt (A) und setzen die folgenden Punkte wie dargestellt.

- **Polylinie**
- (Befehlsgruppe: Zeichnen)
- Startpunkt: Markierter Punkt (A)
- Nächster Punkt: Markierter Punkt (B)
- Nächster Punkt: Markierter Punkt (C)
- Nächster Punkt: Markierter Punkt (D)
- [S] (als Textbefehl eingeben)
- [Enter]

4.2.3.16 Flaschen und Wasserkästen aus der Zeichnung löschen

Die rechteckige Anordnung der Kästen, soll in der nächsten Übung aus der Zeichnung entfernt werden. Markieren Sie einen der Kästen oder Flaschen (Achtung: Nicht auf die gerade erzeugte Polylinie klicken!) und löschen Sie die markierten Objekte mit der Taste [Entf].

4.2.3.17 Leere Palette mit zwei diagonalen Linien kennzeichnen

Nach dem Löschen der Anordnung, soll die leere Palette jetzt durch zwei sich kreuzende Linien gekennzeichnet werden, welche diagonal durch das Rechteck führen.

Palette ohne Linien

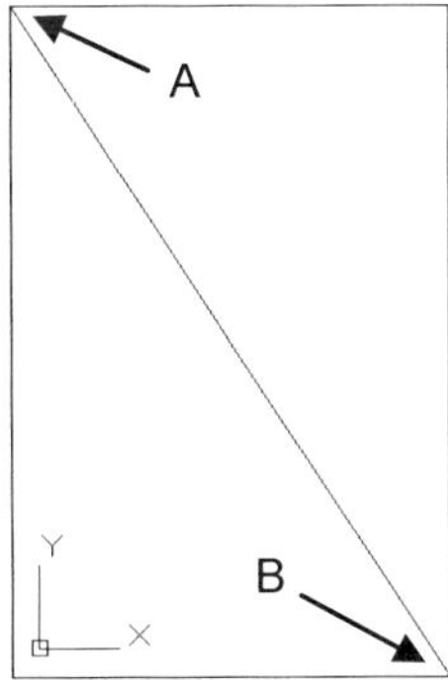

Palette mit erster Diagonale

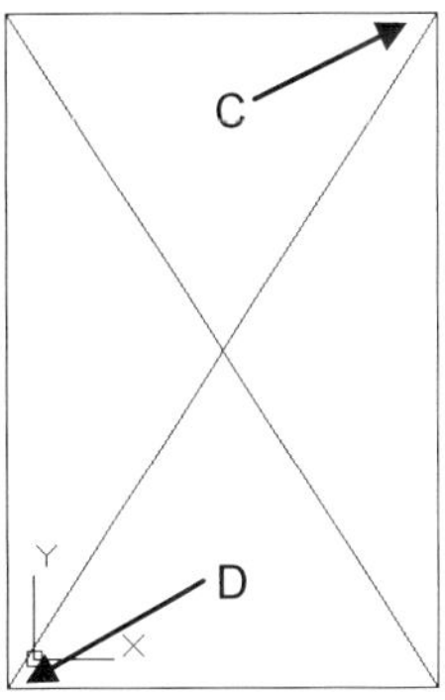

Palette mit zweiter Diagonale

<table>
<tr><td>

- / **_Linie_**
- (Befehlsgruppe: Zeichnen)
- Erster Punkt: Markierter Punkt (A)
- Zweiter Punkt: Markierter Punkt (B)
- [Esc]

</td><td>

- / **_Linie_**
- (Befehlsgruppe: Zeichnen)
- Erster Punkt: Markierter Punkt (C)
- Zweiter Punkt: Markierter Punkt (D)
- [Esc]

</td></tr>
</table>

Die Datei kann anschließend 🖫 **_gespeichert_** und [x] **_geschlossen_** werden.

4.2.3.18   Neue Zeichnung erzeugen

Im nächsten Schritt soll eine Maschine gezeichnet werden. Erzeugen Sie eine neue Zeichnung und speichern Sie diese unter dem Namen **_01_02_Kästen_von_Paletten_heben_** ab.

<table>
<tr><td>

- 🗋 **_Neu_**
- Vorlage: acadiso.dwt
-  Öffnen

</td><td>

- 🖫 **_Speichern_**
- Dateiname:
  [01_02_Kästen_von_Paletten_heben]
- Dateityp: *.dwg

</td></tr>
</table>

4.2.3.19   Erzeugen des Layers: Kästen von Palette heben

Erstellen Sie einen neuen Layer **_Kästen von Palette heben_**.

Status	Name		Ein	Frieren	Sperre	Farbe		Linientyp	Linienstärke	
▱	0	▲	💡	☼	🔓	■	weiß	Continuous	—— Vorgabe	0
✓	Kästen von Palette heben		💡	☼	🔓	■	250	Continuous	—— Vorgabe	0

<table>
<tr><td>

- 🗐 **_Layereigenschaften_**
- ⌂ Neuer Layer
- Name: [Kästen von Palette heben]

</td><td>

- Farbe: [250]
- Layer ✓ aktivieren
- Layereigenschaften schließen

</td></tr>
</table>

4.2.3.20   Basiskontur anhand der dargestellten Skizze zeichnen

In den vergangenen Zeichenübungen, wurden einige Zeichenbefehle erklärt und bereits geübt. Verwenden Sie die Befehle / **_Linie_**, ⌐ **_Polylinie_** oder ☐ **_Rechteck durch zwei Punkte_**, um das folgende Objekte zu erzeugen. Der markierte Punkt **_P0_** kennzeichnet den Koordinatenursprung (0, 0). Die Vorgehensweise bleibt Ihnen überlassen.

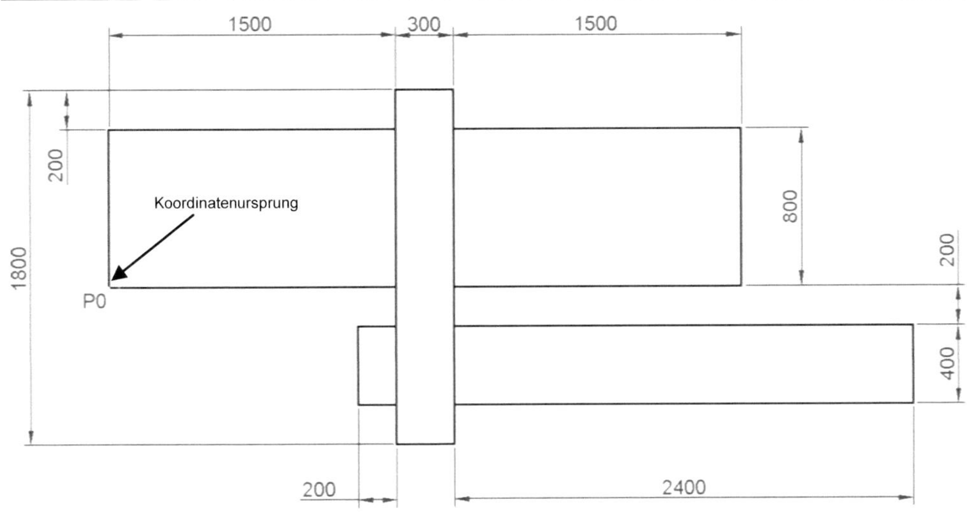

Die Maschine *01_02_Kästen_von_Paletten_heben*

HINWEIS: Haben Sie einen Punkt an der falschen Stelle positioniert, geben Sie in die Texteingabe [**Z**] ein, um einen *Schritt zurück* zu springen.

4.2.4 Befehlsgruppe: BLOCK

Ein Block ist eine Zusammenfassung von Zeichenobjekten als ein Objekt (innerhalb einer Zeichnung). Blöcke können aus einer Zeichnung heraus erzeugt oder in eine Zeichnung hinein importiert werden. Die Befehlsgruppe *Block* enthält Befehle, um Blöcke erstellen, bearbeiten oder importieren zu können.

4.2.4.1 Befehlsgrundlagen: Einfügen

Block Einfügen

FUNKTION

- Fügt ein als Block definiertes Objekt in die Zeichnung ein

TASTATURBEFEHL

- [EINFÜGE]

OPTIONEN

- [Durchsuchen]: Sucht eine DWG- oder DXF-Zeichnung und fügt diese als Block in die Zeichnung ein
- [Pfad]: Der Pfad zum Block kann eingegeben werden
- [Einfügepunkt]: Jeder Block besitzt einen Basispunkt, die Position dieses Punktes wird hier festgelegt
- [Skalierung]: Block kann um drei verschiedene Werte (in X-, Y- oder Z-Richtung) oder einheitlich (um einen Faktor) skaliert werden
- [Drehung]: Eingefügter Block wird gedreht
- [Ursprung]: Block-Basispunkt entspricht Zeichnungs-Nullpunkt (BKS)

4.2.4.2 Die gefüllte Palette als Block einfügen

In der folgenden Übung soll die Zeichnung **Palette_Voll.dwg** als Block in die aktuelle Zeichnung importiert werden. Der eingefügte Block soll frei in der Zeichnung (in der Nähe der bereits gezeichneten Maschine) abgelegt werden.

Die genaue Ablageposition ist irrelevant, da die Palette anschließend gedreht und an die korrekte Position verschoben werden soll.

Verwenden Sie die Option **Einfügepunkt am Bildschirm bestimmen**, um ein freies Ablegen des Blocks zu ermöglichen.

Achten Sie auch auf die restlichen Optionen:

- Skalierung am Bildschirm bestimmen: Deaktivieren
- Drehung am Bildschirm bestimmen: Deaktivieren

- Einheitliche Skalierung: Deaktivieren
- Ursprung: Deaktivieren

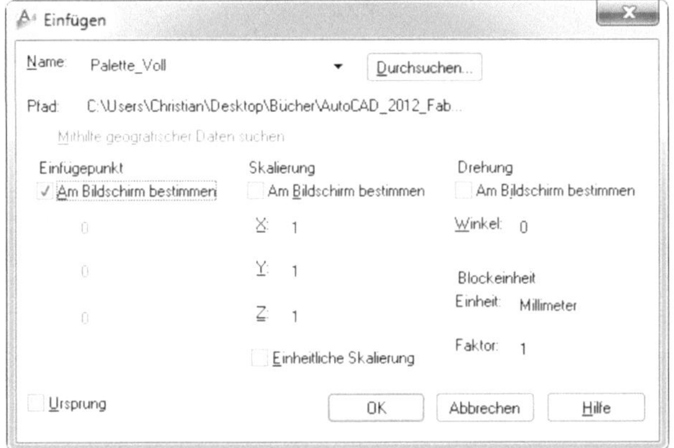

Befehlsoptionen **Block einfügen**

- *Einfügen*
- (Befehlsgruppe: Block)
- Durchsuchen...
- Name: *Palette_Voll.dwg*
- Optionen (links) übernehmen
- OK

4.2.4.3   Befehlsgrundlagen: Verschieben (BG: ÄNDERN)

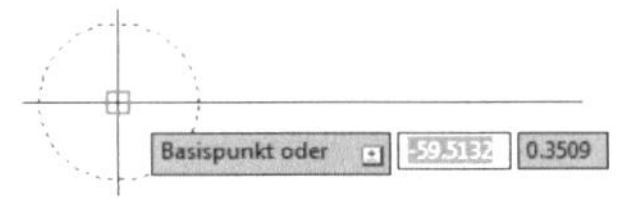

Objekt und Basispunkt der Verschiebung wählen

FUNKTION

- Verschiebt ein Objekt anhand eines Basispunktes

TASTATURBEFEHL

- [SCHIEBEN]

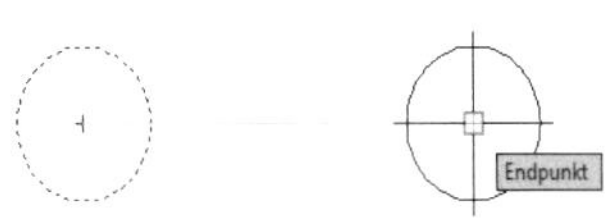

Objekt an neuer Position ablegen

4.2.4.4 Die Palette an die korrekte Ausgangsposition verschieben

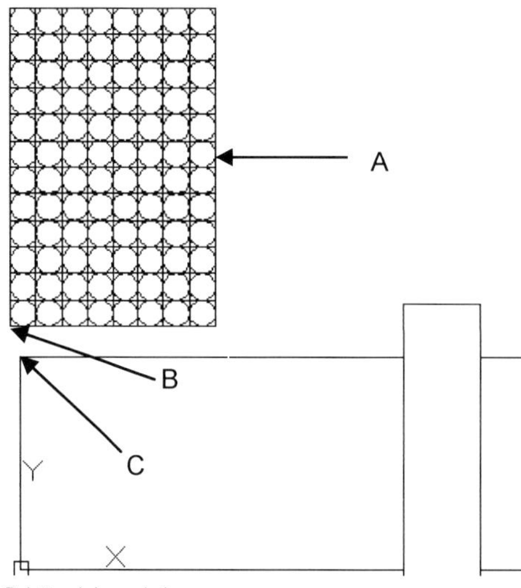

Palette wird verschoben

Die Palette wurde als Block in die Zeichnung eingefügt und muss jetzt an die korrekte Ausgangsposition für eine Drehung verschoben werden.

- ✛ **_Verschieben_**
- Palette wählen (A)
- [Enter]
- Basispunkt wählen (B)
- Zielpunkt wählen (C)

Der Zielpunkt (C), soll als Basispunkt für die folgende Drehung der Palette dienen.

4.2.4.5 Befehlsgrundlagen: Drehen (BG: ÄNDERN)

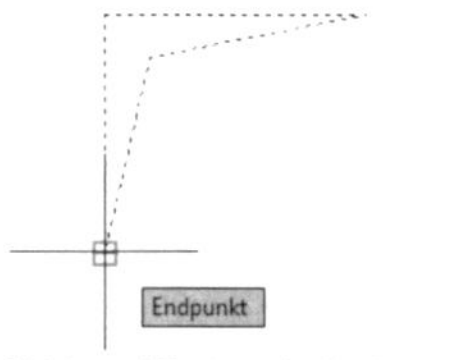

Objekt und Basispunkt der Drehung wählen

FUNKTION

- Dreht Objekte um einen Basispunkt

TASTATURBEFEHL

- [DREHEN]

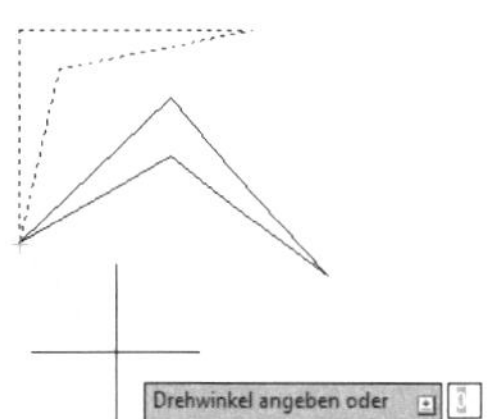

Drehwinkel angeben

OPTIONEN

- [Kopie]: Dreht eine Kopie des Originals
- [Bezug]: Drehung bezieht sich auf einen neuen Basiswinkel (nicht auf das BKS)

4.2.4.6 Die Palette um 90° (UZS) drehen

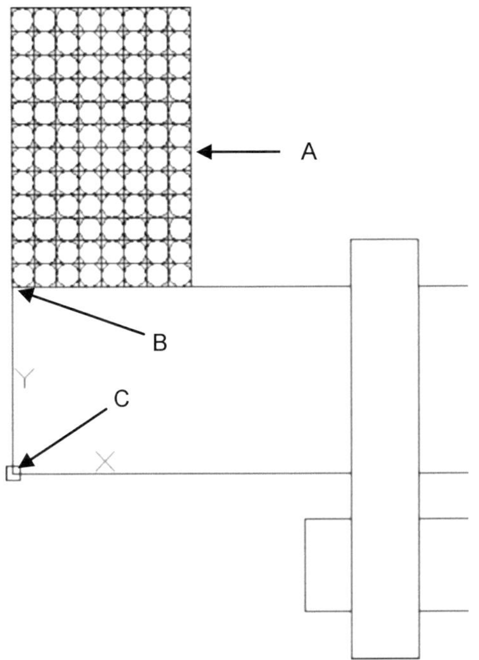

Die Palette soll jetzt um 90° im UZS gedreht werden. Hierfür kann entweder ein Winkel über die Tastatureingabe festgelegt, oder mittels zweier Punkte definiert werden. In der folgenden Übung verwenden wir zwei Punkte als Referenz.

- ↻ ***Drehen***
- Palette wählen (A)
- [Enter]
- Basispunkt der Drehung wählen (B)
- Zielpunkt wählen (C)

Palette vor der Drehung

Palette nach der Drehung

4.2.4.7 Die leere Palette als Block einfügen und dabei drehen

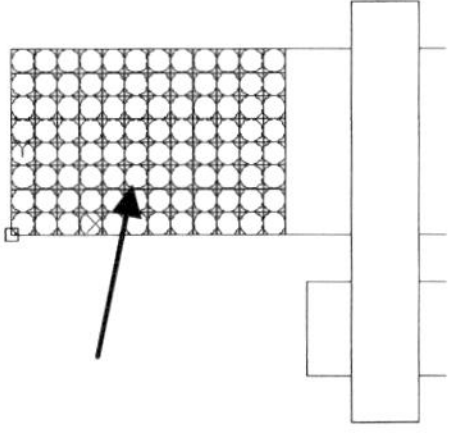

Befehlsoptionen **Block einfügen**

Anschließend soll der Block ***Palette_Leer*** eingefügt und gleichzeitig gedreht werden.

- ▭ ***Einfügen***
- (Befehlsgruppe: Block)
- Durchsuchen...
- Name: ***Palette_Leer.dwg***
- Optionen übernehmen
- (Drehung: -90°!)
- OK

Den eingefügten Block anschließend in der Nähe der bereits gezeichneten Maschine ablegen. Die genaue Ablageposition ist auch hier irrelevant, da die Palette anschließend an die korrekte Position verschoben werden soll.

4.2.4.8 Die Palette an ihre Endposition verschieben

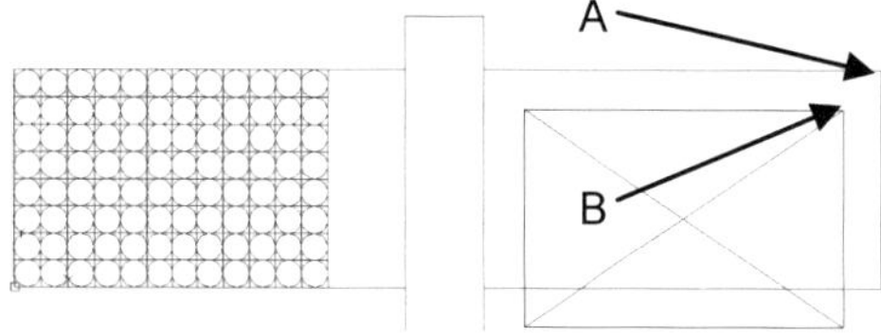

Palette soll an die markierte Position verschoben werden

Verwenden Sie den Befehl ⟐ **Verschieben**, um die Palette anhand der beiden dargestellten Punkte (A, B) auszurichten. Die Drehung (wie bei der Palette_Voll) wurde bereits beim Importieren durchgeführt.

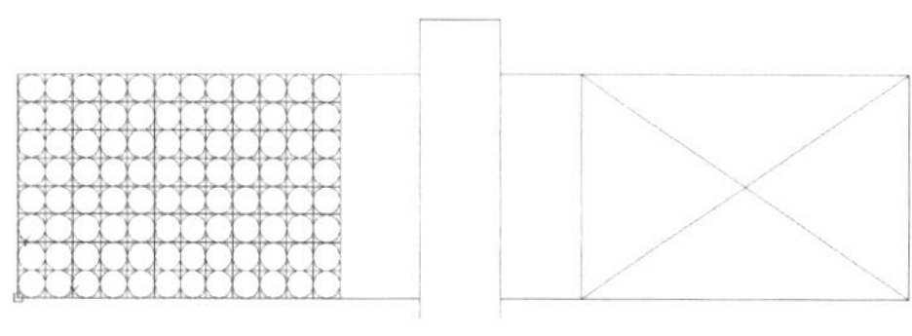

Palette wurde verschoben

- ⟐ **_Verschieben_**
- Palette wählen
- [Enter]
- Basispunkt wählen (A)
- Zielpunkt wählen (B)

4.2.4.9 Den vollen Kasten als Block einfügen und dabei drehen

Die Maschine hebt Kästen und Flaschen von der Palette und setzt diese auf ein separates Transportband. Um dies zu verdeutlichen, soll der Block **Kasten_Voll** in die Zeichnung importiert und auf das Kastentransportband gesetzt werden.

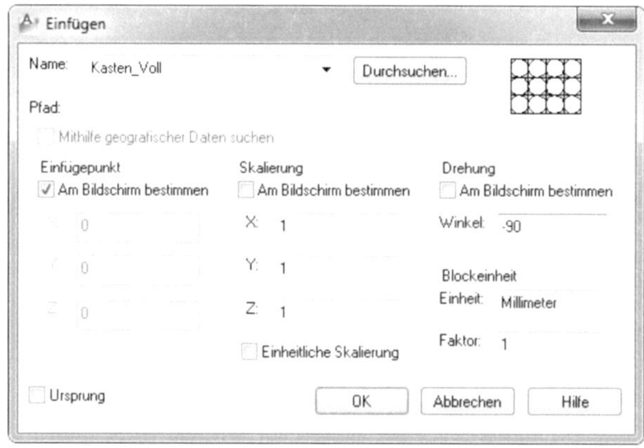

Befehlsoptionen **Block einfügen**

- ⊡ **_Einfügen_**
- (Befehlsgruppe: Block)
- Durchsuchen...
- Name: **Kasten_Voll.dwg**
- Optionen übernehmen
- (Drehung: -90°!)
- OK

Legen Sie den Block frei im Raum ab.

4.2.4.10 Den Kasten an seine Endposition verschieben

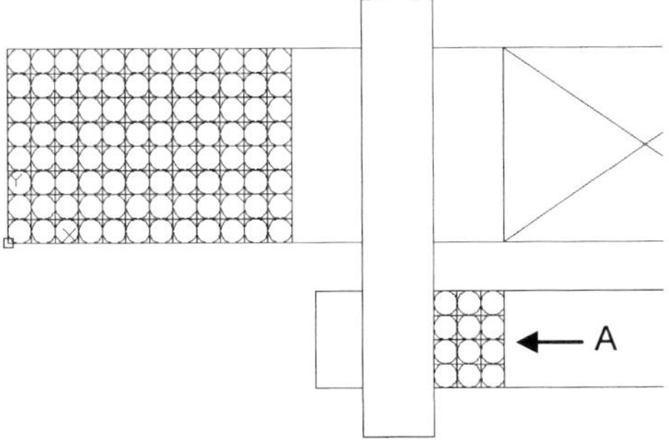

Block **Kasten** wurde auf das Kastentransportband gesetzt

Verwenden Sie den Befehl ✛ **Verschieben**, um den Kasten anschließend an die dargestellte Position (A) zu setzten. Der Kasten soll direkt an die Maschine anschließen.

Eine weitere Möglichkeit Blöcke zu verschieben, ist das Schieben am Block-Einfügepunkt. In der folgenden Übung, soll der Block auf diese Art um 300 mm nach rechts verschoben werden.

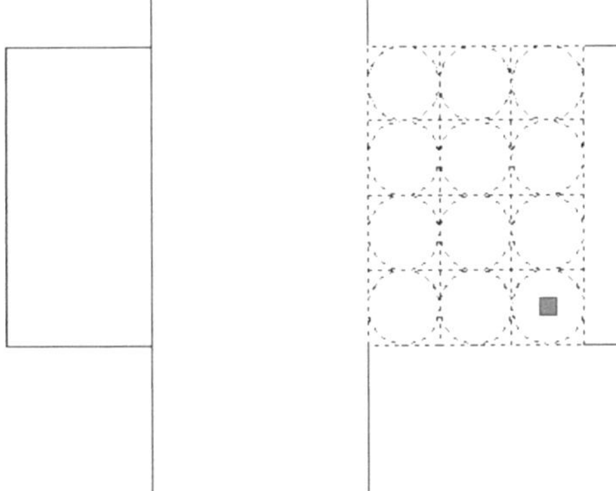

Kasten markieren und an Einfügepunkt verschieben

Markieren Sie den Kasten, klicken Sie anschließend kurz auf den neu angezeigten **blauen Punkt** (Einfügepunkt) und ziehen Sie die Maus lotrecht nach rechts. Halten Sie diese Position und geben Sie per Tastatur den Wert [300] ein.

Sollten Sie Probleme haben einen lotrechten Strahl zu erzeugen, aktivieren Sie kurzfristig die Option ▙ **Ortho-Modus**.

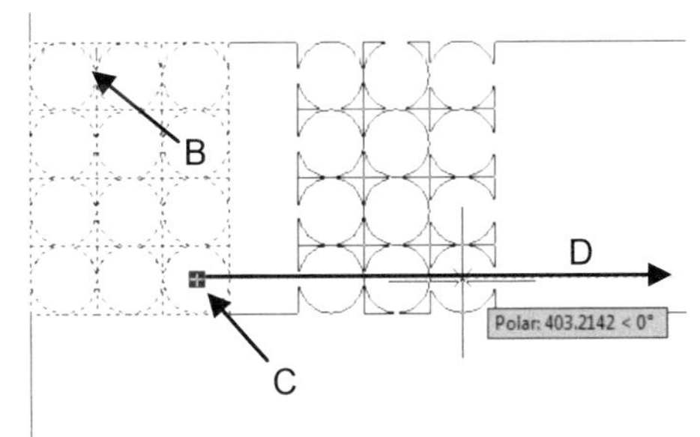

Kasten (B) an Einfügepunkt (C) lotrecht nach rechts ziehen (D)

- Kasten markieren (B)
- Mit linker Maustaste, blauen Einfügepunkt kurz anklicken (C)
- Maus lotrecht nach rechts ziehen (D)
- Werteingabe: [300]
- [Enter]

HINWEIS: Der erste [Tab] ermöglicht eine Tastatureingabe der Länge der Verschiebung, ein weiteres Drücken der Taste [Tab] ermöglicht zusätzlich eine Winkeldefinition, bezogen auf den temporär erzeugten Strahl, welcher durch die Maus aufgespannt wird.

4.2.4.11   Kopieren des Kastens

Erzeugen Sie drei weitere Kästen im Abstand von jeweils 300 mm. Verwenden Sie den Befehl °⅋ **Kopieren** mit den markierten Basis- und Zielpunkten.

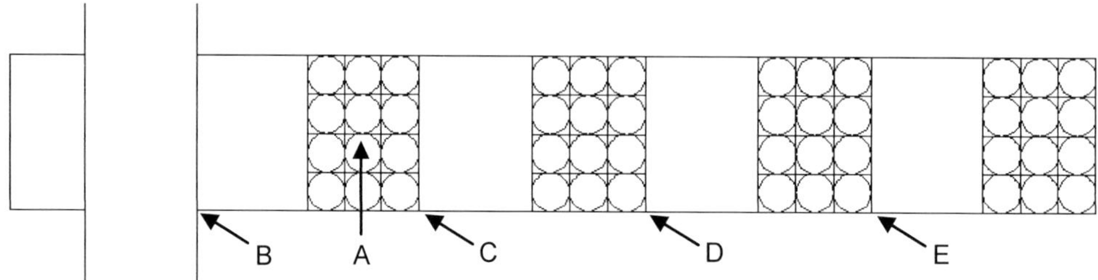

Drei weitere Kopien des Kastens, im Abstand von jeweils 300 mm erzeugen

- °⅋ **Kopieren**
- (Befehlsgruppe: Ändern)
- Kasten markieren (A) > [Enter]
- Basispunkt der Kopie wählen (B)

- Ersten Einfügepunkt wählen (C)
- Zweiten Einfügepunkt wählen (D)
- Dritten Einfügepunkt wählen (E)
- [Esc]

4.2.4.12   Markieren der Transportband-Laufrichtung durch einen Richtungspfeil

Nachdem die Maschine gezeichnet und Paletten sowie Kästen zur besseren Veranschaulichung eingefügt wurden, sollen Richtungspfeile zur Definition der Laufrichtung der Transportbänder eingefügt werden. Importieren Sie den Block **Pfeil.dwg** aus dem Download-Ordner.

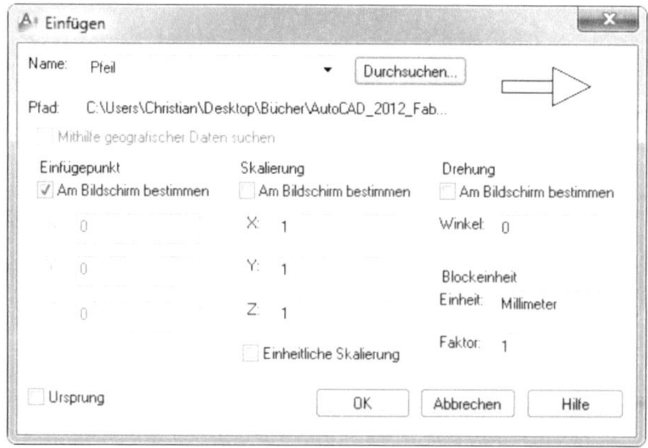

- ⌕ **Einfügen**
- (Befehlsgruppe: Block)
- Durchsuchen...
- (Download-Ordner)
- Name: **Pfeil.dwg**
- Optionen übernehmen
- OK

Den Block anschließend wie dargestellt ablegen.

Befehlsoptionen **Block einfügen**

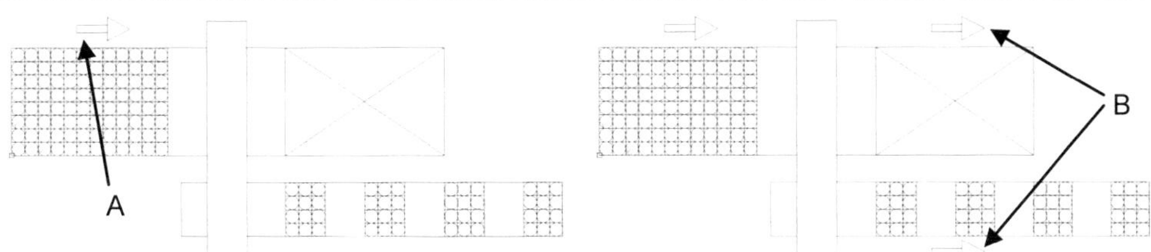

Pfeil als Block einfügen ablegen

Pfeil zweimal kopieren und wie dargestellt anordnen

Legen Sie den Pfeil einmal ab (A) und verwenden Sie den Befehl **Kopieren**, um anschließend zwei weitere Pfeile (B) zu platzieren.

4.2.5 Befehlsgruppe: BESCHRIFTUNG

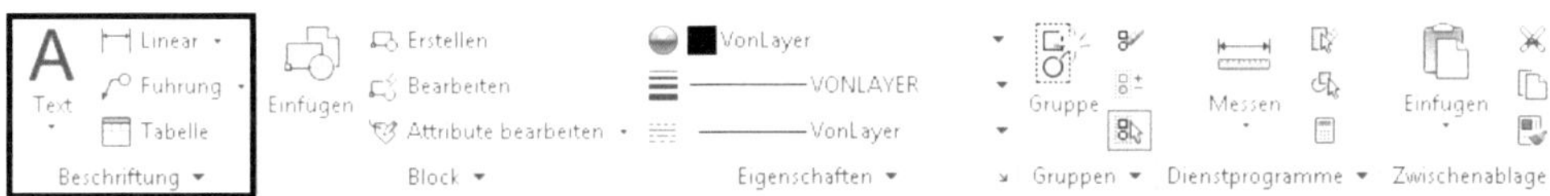

Die Befehlsgruppe **Beschriftung** enthält Befehle zur Platzierung von Texten, Bemaßungen, Führungslinien und Tabellen.

4.2.5.1 Befehlsgrundlagen: Einzelne Zeile

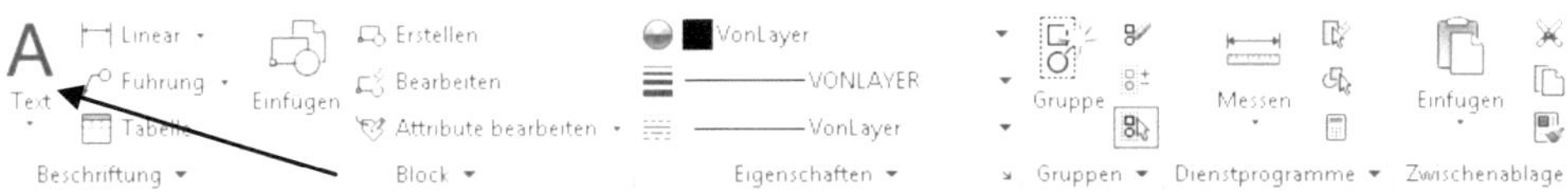

Beispiel **Einzelne Zeile**

FUNKTION

- Erstellt einen einzeiligen Text

TASTATURBEFEHL

- [TEXT]

OPTIONEN

- [Position]: Textausrichtung (Menü)
- [Stil]: Textstil wählen

Die Maschine soll in der folgenden Übung beschriftet werden. Erzeugen Sie einen Text als
A **Einzelne Zeile** und platzieren Sie diesen wie dargestellt.

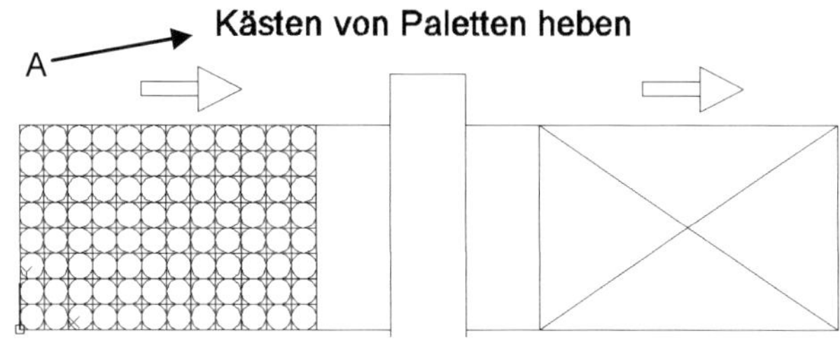

Hinzufügen der Beschriftung in Form einer einzelnen Zeile

- A **Einzelne Zeile**
- Startpunkt setzen (A)
- Wert für Höhe eingeben: [100]
- [Enter]

- Wert für Drehwinkel eingeben: [0]
- [Enter]
- Text: [Kästen von Paletten heben]
- [Enter] > [Enter]

Die Datei kann anschließend 💾 **gespeichert** und [x] **geschlossen** werden. Hiermit verlassen Sie die Einzelzeichnungen und erzeugen in der folgenden Übung die erste Zusammen-
bauzeichnung.

Die Produktionslinie soll in mehreren Schritten zusammengestellt werden. Erzeugen Sie
eine neue Zeichnung und speichern Sie diese als **01_00_Produktionslinie.dwg** ab.

- 📄 **Neu**
- Vorlage: acadiso.dwt
- Öffnen

- 💾 **Speichern**
- Dateiname: [01_00_Produktionslinie]
- Dateityp: *.dwg

Im Download-Ordner gibt es einige vorgefertigte Zeichnungen, welche im folgenden Schritt
als Block in die Zeichnung importiert werden sollen. Die Zeichnungsinhalte (Maschinen,
Transportsysteme, Fabrikhallenobjekte) wurden so gezeichnet, dass sie in ihrer Position
(bezogen auf das BKS) bereits aufeinander abgestimmt wurden.

4.2.5.4 Maschinen der Produktionslinie importieren

Beim Einfügen der folgenden Blöcke ist darauf zu achten, dass die Option *Einfügepunkt am Bildschirm bestimmen* deaktiviert werden muss.

In den vorgefertigten Zeichnungen, sind alle Maschinen bereits in ihrer Position innerhalb des Koordinatensystems aufeinander abgestimmt. Es ist also wichtig, sich beim Einfügen der Maschinen auf den Koordinatenursprung (X=0, Y=0, Z=0) zu beziehen.

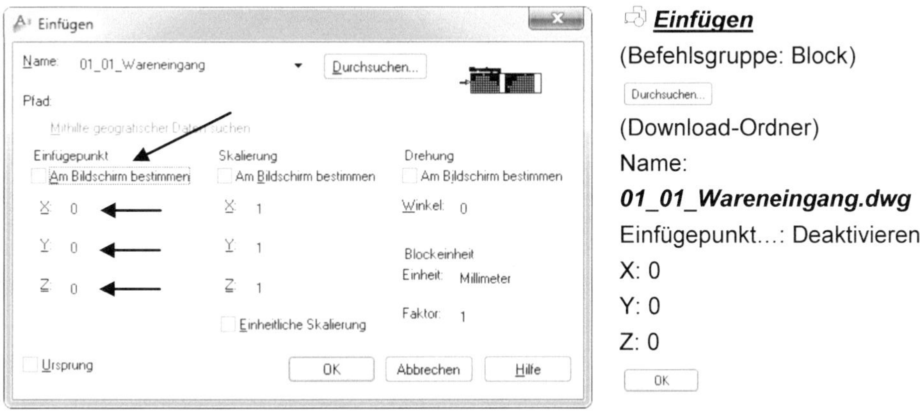

Einfügen

(Befehlsgruppe: Block)

(Download-Ordner)

Name:

01_01_Wareneingang.dwg

Einfügepunkt...: Deaktivieren

X: 0

Y: 0

Z: 0

Befehlsoptionen *Block einfügen*

Der *ViewCube*

Verwenden Sie den Befehl *Oben* am *ViewCube*, um das eingefügte Objekt sichtbar zu machen.

Alternativ kann der Zoombefehl *Zoom Grenzen* (Navigationsleiste) verwendet werden.

Nachdem der erste Block (01_01_Wareneingang.dwg) platziert wurde, sind aus dem Download-Ordner weitere Zeichnungen zu importieren. Achten Sie darauf, die Option *Einfügepunkt: Am Bildschirm bestimmen* deaktiviert zu lassen.

Alle Zeichnungsobjekte besitzen eine definierte Position im Koordinatensystem und dürfen nicht verschoben werden, da das System ansonsten nicht mehr zusammen passt.

Der Befehl *Einfügen*, muss für jede der folgenden Blöcke neu ausgeführt werden. Eine Mehrfachauswahl ist nicht möglich.

<u>Fügen Sie jetzt nacheinander die folgenden Blöcke ein (Download-Ordner):</u>

- 01_03_Palettenspeicher
- 01_04_Flaschen_aus_Kästen_heben
- 01_05_Kastenwaschmaschine
- 01_06_Kastenspeicher
- 01_07_Flaschenspeicher_01
- 01_08_Flaschenkontrolle_01
- 01_09_Flaschenwaschmaschine

- 01_10_Flaschenkontrolle_02
- 01_11_Flaschenspeicher_02
- 01_12_Füllen_Schließen_Etikettieren
- 01_13_Flaschen_in_Kästen_heben
- 01_14_Kästen_auf_Paletten_heben
- 01_15_Warenausgang
- 01_16_Flaschentransportsystem

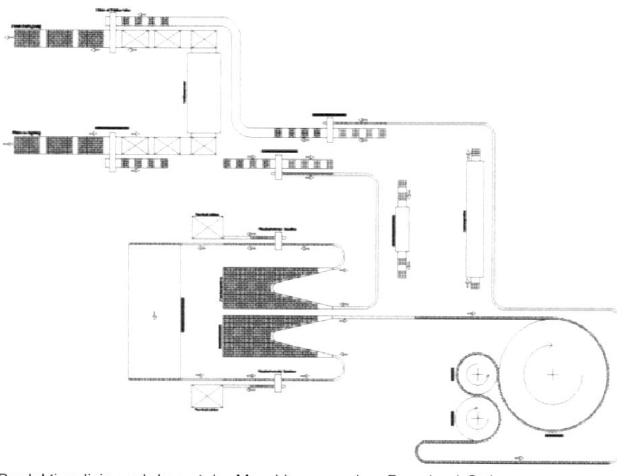

Das Resultat sollte dann die links dargestellte Produktionslinie sein.

Diese ist noch nicht vollständig (unsere Maschine **Kästen von Paletten** heben fehlt noch und die Transportlinien sind noch unvollständig) und muss daher anschließend bearbeitet werden.

Produktionslinie nach Import der Maschinen aus dem Download-Ordner

Fügen Sie im folgenden Schritt den Block **01_02_Kästen_von_Paletten_heben.dwg** ein. Die Option **Einfügepunkt: Am Bildschirm bestimmen** ist hier wieder zu aktivieren.

Sollte beim Einfügen des letzten Blocks etwas nicht funktioniert haben, verwenden Sie den Befehl ✛ **Verschieben**, um zu korrigieren.

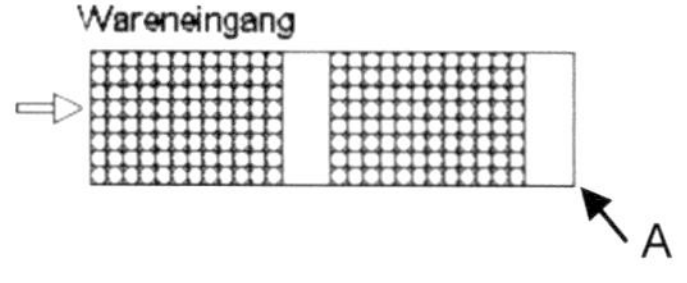

Wareneingangsbereich mit Einfügeposition (A)

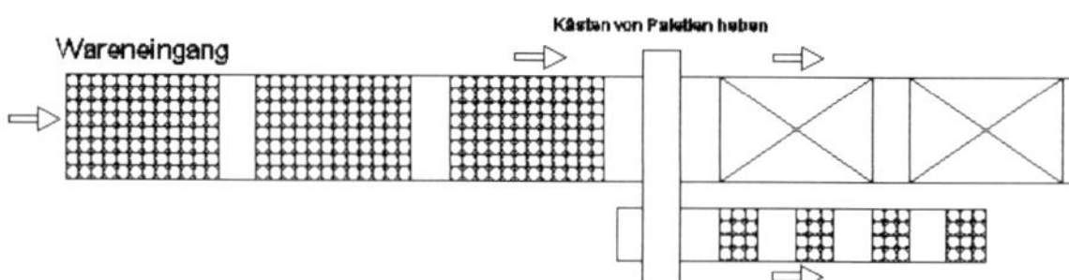

Wareneingangsbereich und eingepasster Block **Kästen von Paletten heben**

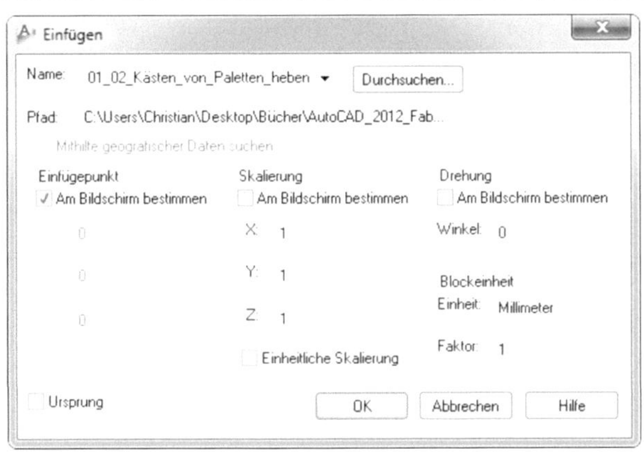

Befehlsoptionen **Block einfügen**

- ⬚ ***Einfügen***
- (Befehlsgruppe: Block)
- Durchsuchen...
- Name: ***01_02_Kästen_von_***
- ***Paletten_heben.dwg***
- Optionen (links) überneh-men
- Block an Punkt (A) ablegen
- OK

4.2.5.5 Erzeugen des Layers: Transportsysteme

Die fehlende Maschine wurde eingefügt, jetzt sollten einige offene Bereiche im Transport-system geschlossen werden. Erzeugen Sie hierfür einen neuen Layer **Transportsysteme**.

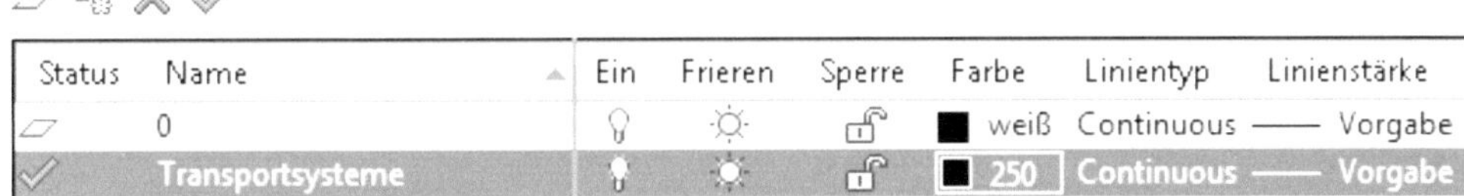

- ⬚ ***Layereigenschaften***
- ⬚ Neuer Layer
- Name: [Transportsysteme]

- Farbe: [250]
- Layer ✓ aktivieren
- Layereigenschaften schließen

4.2.5.6 Zeichnen des Kastentransportsystems mittels Rechteck und Polylinie

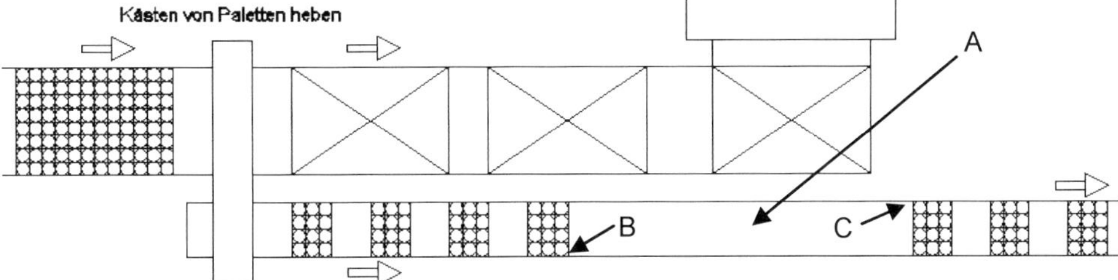

Kastentransportsystem mit geschlossener Lücke

Nach der Maschine **Kästen von Palette heben**, fehlt auf dem Kastentransportband ein Abschnitt. Schließen Sie die markierte Lücke (A). Verwenden Sie den Befehl ⬜ **Rechteck**. Erzeugen Sie das Rechteck zwischen den beiden Punkten **B** und **C**.

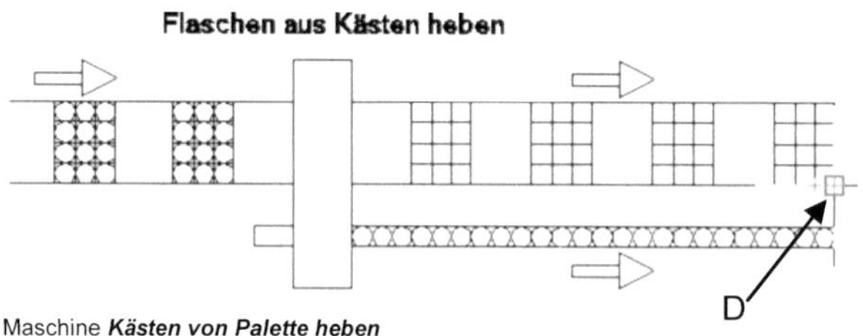

Maschine **Kästen von Palette heben**

Starten Sie die Bearbeitung der zweiten Lücke im Kastentransportsystem nach der Maschine **Flaschen aus Kästen heben**. Verwenden Sie den Befehl **Polylinie** und starten Sie am markierten Punkt **D**.

Zeichnen Sie die Linie um 3000 mm nach rechts. Verfahren Sie wie schon beim **Verschieben des Kastens** in eine bestimmte Richtung und mit einem definierten Abstand.

Setzen Sie den ersten Linienpunkt (D), ziehen Sie die Maus lotrecht nach rechts (E), geben Sie den Tastaturwert [3000] ein und bestätigen Sie mit [Enter].

Ziehen Sie die Maus dann nach unten (F), geben Sie den Tastaturwert [500] ein und bestätigen Sie mit [Enter].

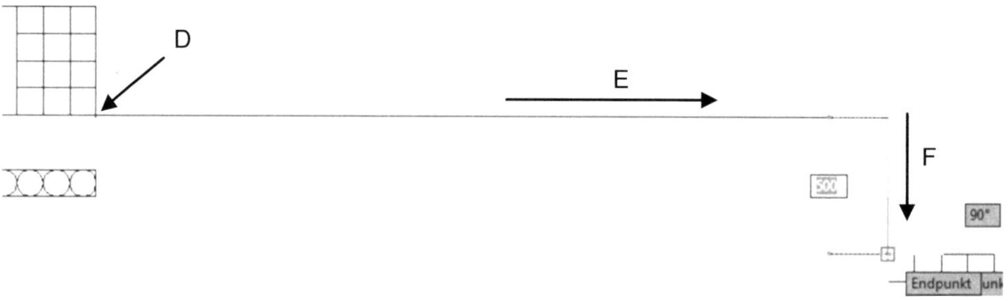

Linie mit Länge 3000 mm nach rechts, dann 500 mm nach unten ziehen

- **Polylinie**
- Startpunkt an markierter Position (D)
- Maus nach rechts ziehen (E)
- Tastatureingabe: [3000]
- [Enter]

- Maus nach unten ziehen (F)
- Tastatureingabe: [500]
- [Enter]
- [Esc]

4.2.5.7 Befehlsgrundlagen: Abrunden (BG: ÄNDERN)

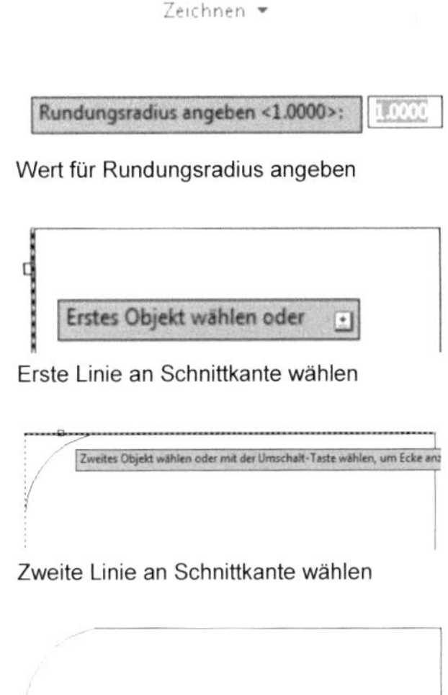

Rundungsradius angeben <1.0000>:

Wert für Rundungsradius angeben

Erstes Objekt wählen oder

Erste Linie an Schnittkante wählen

Zweites Objekt wählen oder mit der Umschalt-Taste wählen, um Ecke anz

Zweite Linie an Schnittkante wählen

Erzeugter Radius

FUNKTION

- Ermöglicht das Runden sich schneidender Objekte

TASTATURBEFEHL

- [ABRUNDEN]

OPTIONEN

- [Rückgängig]: Löscht die letzte Eingabe
- [Polylinie]: Rundet eine komplette Polylinie
- [Radius]: Definiert den Rundungsradius
- [Stutzen]: Auswahl [Ja]: Entfernt die Linienecke nach dem Runden; Auswahl [Nein]: Fügt nur den Bogen tangential ein
- [Mehrere]: Ermöglicht in einem Befehl mehrere Rundungen, auch mit unterschiedlichen Radien

4.2.5.8 Abrunden der Polylinie

Nachdem die Polylinie gezeichnet wurde, soll diese um 500 mm abgerundet werden.

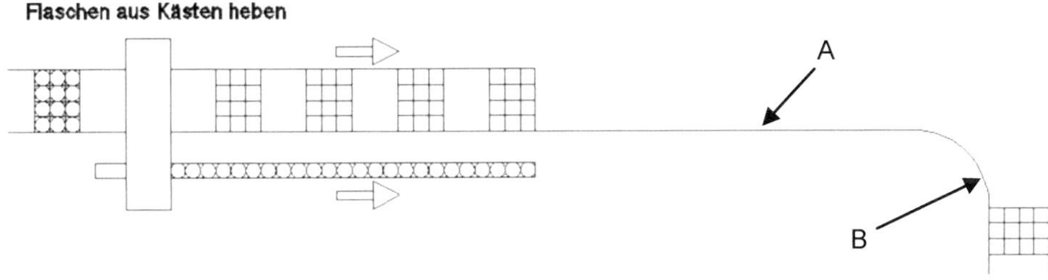

Abrunden der Polylinie im Eckpunkt um 500 (Rundung bereits durchgeführt)

- 　　⬜ ***Abrunden***
- Option: [Radius]
- [Enter]
- Werteingabe: [500]

- [Enter]
- Erste Linie wählen (A)
- Zweite Linie wählen (B)

4.2.5.9　Befehlsgrundlagen: Versetzen (BG: ÄNDERN)

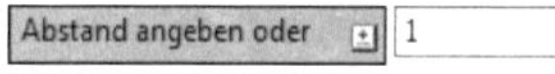

Abstand angeben

Objekt wählen, Punkt auf Seite wählen, nach
welcher versetzt werden soll

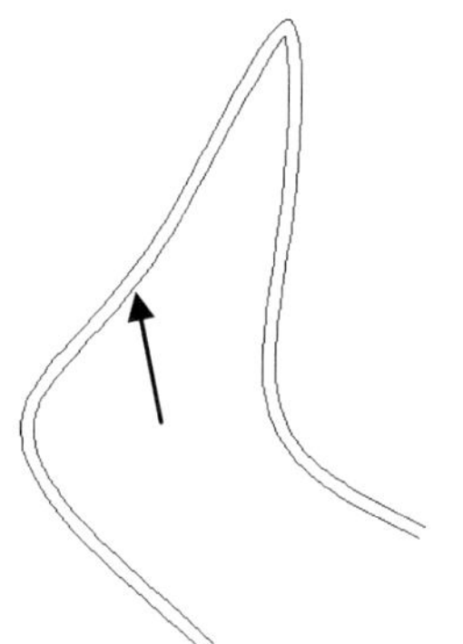

Quellobjekt mit versetzter Kopie

FUNKTION

- Erzeugt eine versetzte (angepasste) Kopie eines Objektes mit konstantem Abstand zu jedem Punkt des Objektes

TASTATURBEFEHL

- [VERSETZ]

OPTIONEN

- [Durch Punkt]: Parallelversetzung der Geometrie durch gewählten Punkt
- [Löschen]: Bietet die Option an, die gewählte Geometrie nach dem Versetzen zu löschen
- [Layer]: Legt fest, ob versetzte Objekte auf dem aktuellen Layer oder auf dem Layer des Quellobjekts erstellt werden
- [Mehrfach]: Ermöglicht die mehrfache Versetzung der gewählten Geometrie mit den eingegebenen Parametern und mit [Esc] beenden
- [Rückgängig]: Löschen der Versetzung
- [Beenden]: Befehl abbrechen

4.2.5.10 Erzeugen einer versetzten Kopie der Polylinie

Die abgerundete Polylinie soll in einem Schritt kopiert und in einem gleichmäßigen Abstand zum Original angeordnet werden. Hierfür verwenden wir den Befehl 🔳 **Versetzen**.

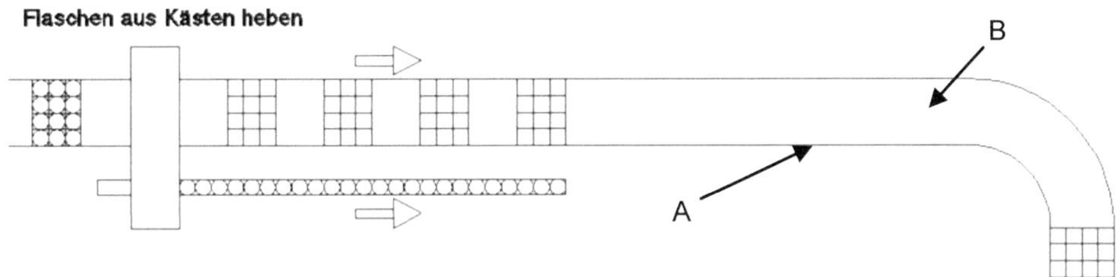

Markierte Polylinie (A) wurde kopiert und um 400 versetzt

- 🔳 **Versetzen**
- Abstand: [400] eingeben > [Enter]
- Zu versetzendes Objekt wählen (A)

- Punkt auf Seite wählen, in deren Richtung versetzt werden soll (B)
- [Esc]

HINWEIS: Die genaue Position des Punktes (B) ist nicht relevant, entscheidend ist nur die Richtung vom Original aus gesehen.

4.2.5.11 Kastenwaschmaschine mit Kastenspeicher verbinden

Wiederholen Sie die Befehle ⌁ **Polylinie**, ⌐ **Abrunden** und 🔳 **Versetzen**, um die folgend dargestellte Verbindung des Kastentransportbandes, zwischen Kastenwaschmaschine und Kastenspeicher zu erzeugen.

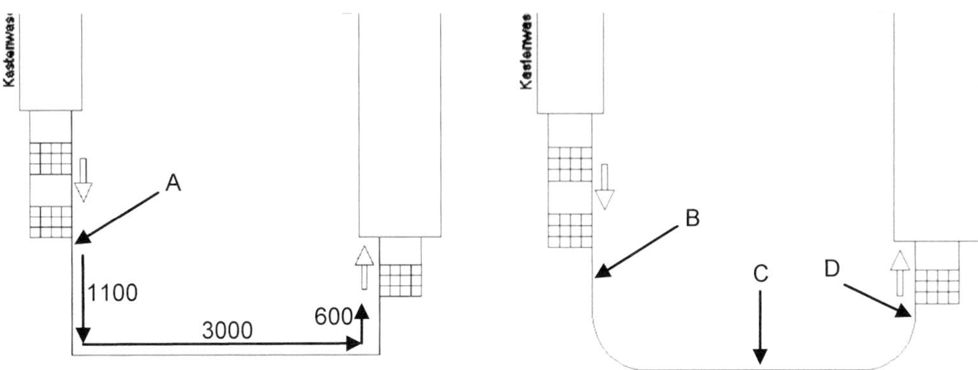

Zeichnen einer Polylinie wie dargestellt   Abrunden der beiden Ecken (R= 500)

- ◌⟩ ***Polylinie***
- Startpunkt an markierter Position (A)
- Linie um [1100] nach unten zeichnen

- Linie um [3000] nach rechts zeichnen
- Linie um [600] nach oben zeichnen
- [Esc]

HINWEIS: Der letzte Punkt der Polylinie, kann mit der Maus am Eckpunkt des Kastenspeichers abgelegt werden.

- ⬭ ***Abrunden***
- Erste Linie wählen (B)
- Zweite Linie wählen (C)

- ⬭ ***Abrunden***
- Zweite Linie wählen (C)
- Dritte Linie wählen (D)

HINWEIS: Der Radius (500 mm) sollte noch vom letzten Abrunden voreingestellt sein, muss also nicht neu definiert werden. Achten Sie trotzdem auf die Einstellungen im Textfenster.

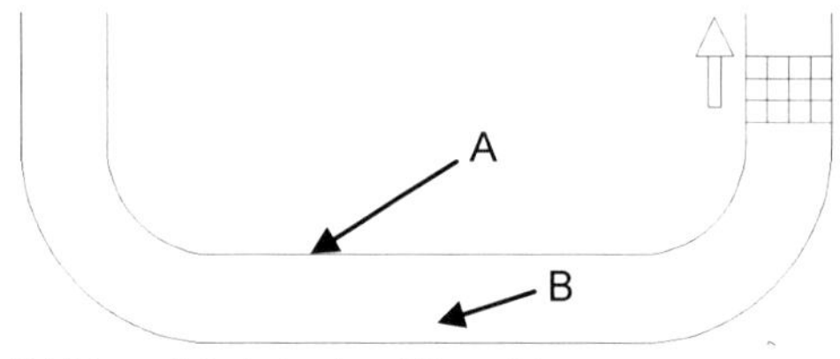

Polylinie wurde kopiert und um 400 versetzt

- ⬚ ***Versetzen***
- Abstand: [400] eingeben
- [Enter]
- Zu versetzendes Objekt wählen (A)
- Punkt auf Seite wählen, in deren Richtung versetzt werden soll (B)
- [Esc]

4.2.5.12 Kastenspeicher mit Flaschenheber verbinden

Nachdem Kastenwaschmaschine und Kastenspeicher verbunden wurden, soll das Transportband zwischen Kastenspeicher und Flaschenheber (Flaschen in Kästen heben) vervollständigt werden.

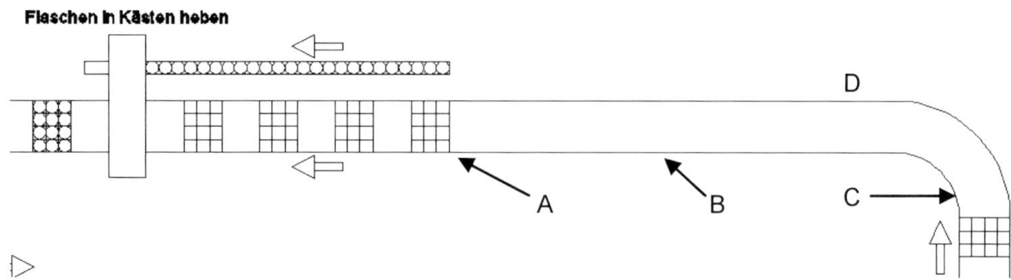

Transportband zwischen Kastenspeicher und Flaschenheber erzeugen

- ⤵ ***Polylinie***
- Startpunkt an markierter Position (A)
- Linie um [4000] nach rechts zeichnen
- Linie um [500] nach unten zeichnen
- [Esc]

- ⌐ ***Abrunden***
- Erste Linie wählen (B)
- Zweite Linie wählen (C)

- ⟲ ***Versetzen***
- Abstand: [400] eingeben > [Enter]
- Zu versetzendes Objekt wählen (Linie)
- Punkt auf Seite wählen, in deren Richtung versetzt werden soll (D)
- [Esc]

4.2.5.13   Flaschenheber mit Kastenheber verbinden

Der letzte offene Bereich des Kastentransportbandes, liegt zwischen Kastenheber und Flaschenheber. Schließen Sie diesen Bereich mit den gleichen Befehlen.

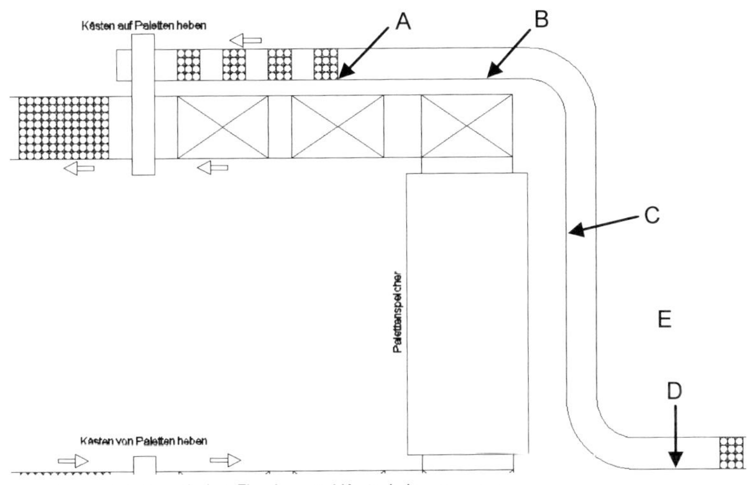

Kastentransportsystem zwischen Flaschen- und Kastenheber erzeugen

- ⤵ ***Polylinie***
- Startpunkt an markierter Position (A)
- Linie [3000] nach rechts zeichnen (B)
- Linie [5000] nach unten zeichnen (C)
- Linie [2050] nach rechts zeichnen (D)
- [Esc]

- ⌐ ***Abrunden***
- [Radius]
- [Enter]
- [500] > [Enter]
- Erste Linie wählen (B)
- Zweite Linie wählen (C)

- ⬜ ***Abrunden***
- [Radius]
- [Enter]
- [900]
- [Enter]
- Erste Linie wählen (C)
- Zweite Linie wählen (D)

- ⬜ ***Versetzen***
- Abstand: [400] eingeben
- [Enter]
- Zu versetzendes Objekt wählen
- Punkt auf Seite wählen, in deren Richtung versetzt werden soll (E)
- [Esc]

Der letzte offene Bereich des Kastentransportsystems wurde geschlossen, die Produktionslinie ist damit komplett.

Vor dem Schließen der Zeichnung, sollten die Abmessungen der Produktionslinie ermittelt werden. Die Abmessungen sind wichtig, da sie die benötigten Platzverhältnisse der Produktionslinie in der Fabrikhalle festlegen.

4.2.6 Befehlsgruppe: DIENSTPROGRAMME

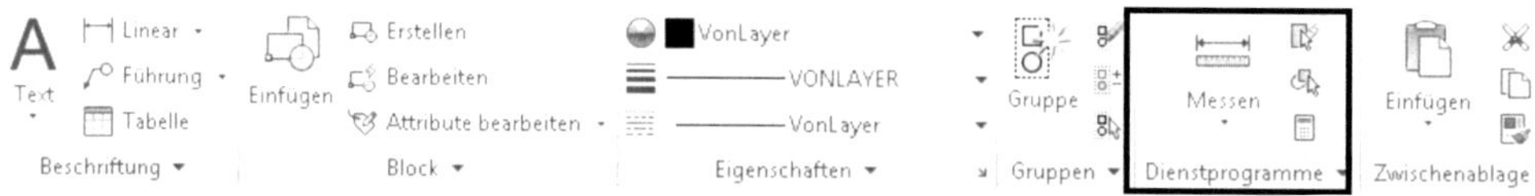

Die Befehlsgruppe ***Dienstprogramme*** enthält Befehl zur schnellen Analyse geometrischer Daten. Sie können Abstände, Winkel, Flächen, Volumeninhalte messen, die genauen Koordinaten eines Punktes im Raum bestimmen und einen Taschenrechner öffnen.

4.2.6.1 Befehlsgrundlagen: Abstand messen

FUNKTION

- Misst den linearen Abstand zwischen zwei Punkten

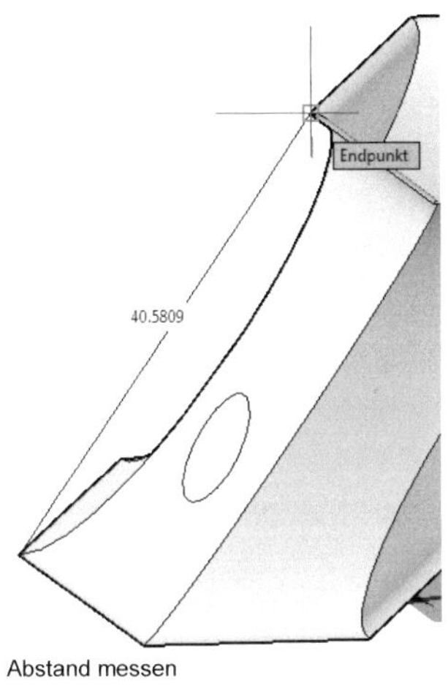

Abstand messen

TASTATURBEFEHL

- [BEMGEOM]

OPTIONEN

- [Abstand]: Startet den Befehl [Abstand messen]
- [Radius]: Wechselt zum Befehl [Radius messen]
- [Winkel]: Wechselt zum Befehl [Winkel messen]
- [Fläche]: Wechselt zum Befehl [Fläche messen]
- [Volumen]: Wechselt zum Befehl [Volumen messen]

4.2.6.2 Ermitteln der benötigten Basisfläche der Produktionslinie

Um genügend Platz für die Produktionsfläche innerhalb der Fabrikhalle einplanen zu können, müssen vorher deren Abmessungen ermittelt werden. Verwenden Sie hierfür den Befehl ▭ **Abstand messen**.

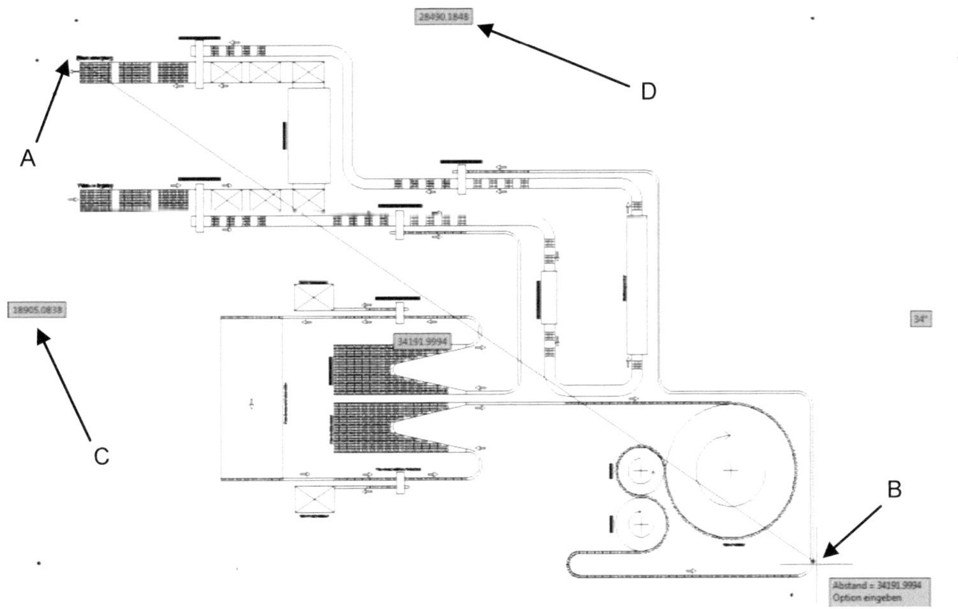

Messen der benötigten Basisfläche der Produktionslinie

- ⌐ ***Abstand messen***
- (Befehlsgruppe: Dienstprogramme)
- Ersten Messpunkt: Oben links am Warenausgang (A)
- Zweiten Messpunkt: Unten rechts am Flaschentransportsystem (B)

Die Auswertung zeigt Ihnen **Länge** (C) und **Breite** (D) an. Im Ergebnis können wir sehen, dass eine Basisfläche von ca. 29000 x 20000 mm benötigt wird. Mit einem zusätzlichen Sicherheitsbereich von je 2000 mm, können **31000 x 22000 mm** eingeplant werden.

Beenden Sie den Befehl mit [Esc], 🖫 **speichern** und [x] **schließen** Sie die Zeichnung anschließend.

4.2.6.3   Neue Zeichnung für Fabrikhalle und Außenbereich erzeugen

Im folgenden Schritt sollen Grundstück und Fabrikhalle gezeichnet werden. Erzeugen Sie eine neue Datei und speichern Sie diese als **02_00_Fabrikhalle_mit_Außenbereich** ab.

• ▯ ***Neu***	• 🖫 ***Speichern***
• Vorlage: acadiso.dwt	• Dateiname:
• `Öffnen`	[02_00_Fabrikhalle_mit_Außenbereich]
	• Dateityp: *.dwg

4.2.6.4   Erzeugen des Layers: Fabrikhalle

Status	Name		Ein	Frieren	Sperre	Farbe	Linientyp	Linienstärke
▱	0	▲	♀	☼	🔓	■ weiß	Continuous	—— Vorgabe
✓	Fabrikhalle		♀	☼	🔓	■ 250	Continuous	—— Vorgabe

• ▤ ***Layereigenschaften***	• Farbe: [250]
• ⚏ Neuer Layer	• Layer ✓ aktivieren
• Name: [Fabrikhalle]	• Layereigenschaften schließen

4.2.6.5   Basisbereich für Produktionslinie mittels Rechteck darstellen

Die Fläche für den Produktionsbereich soll mittels ▭ **Rechteck durch zwei Punkte** dargestellt werden.

- **⬜ *Rechteck durch zwei Punkte***
- Erster Punkt: [0] > [Tab] > [0]
- [Enter]

- Zweiter Punkt:
- [31000] > [Tab] > [22000]
- [Enter]

4.2.6.6 Basisbereich um Logistikbereich erweitern

Um den Produktionsbereich herum soll ein weiterer Bereich für logistische Zwecke erzeugt werden. Verwenden Sie hierfür den Befehl ⬆ ***Versetzen***.

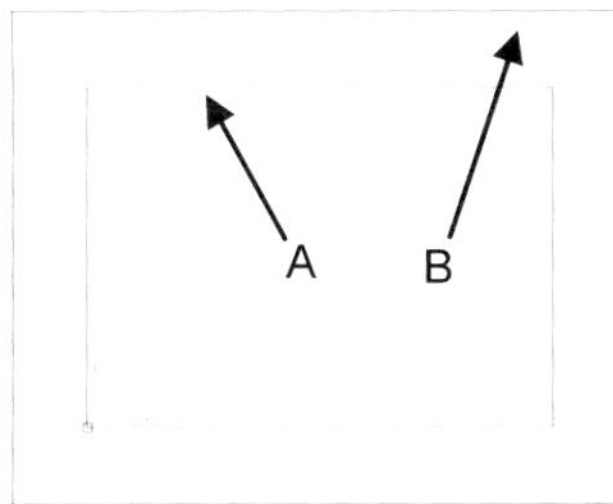

Produktions- und Logistikbereich

- ⬆ ***Versetzen***
- Abstand: [5000] eingeben
- [Enter]
- Zu versetzendes Objekt wählen (A)
- Punkt auf Seite wählen, in deren Richtung versetzt werden soll (B)
- [Esc]

4.2.6.7 Lagerbereich und Sozialtrakt zeichnen

Rechts und links neben den vorhandenen Bereichen, sollen zwei weitere Bereiche (Warenein- und Warenausgang, sowie Sozialtrakt) entstehen. Verwenden Sie den Befehl ⬜ ***Rechteck durch zwei Punkte***.

Produktions-, Logistik-, Lagerbereich und Sozialtrakt

- **⬜ *Rechteck durch zwei Punkte***
- Startpunkt: (A)
- Maus nach oben links ziehen
- Zweiter Punkt:
- [-10000] > [Tab] > [32000]
- [Enter]

- **⬜ *Rechteck durch zwei Punkte***
- Startpunkt: (B)
- Maus nach oben rechts ziehen
- Zweiter Punkt:
- [10000] > [Tab] > [32000]
- [Enter]

4.2.6.8 Hallenpfeiler zeichnen und rechteckig anordnen

Rechteck (200 x 200) in markierte Ecke zeichnen

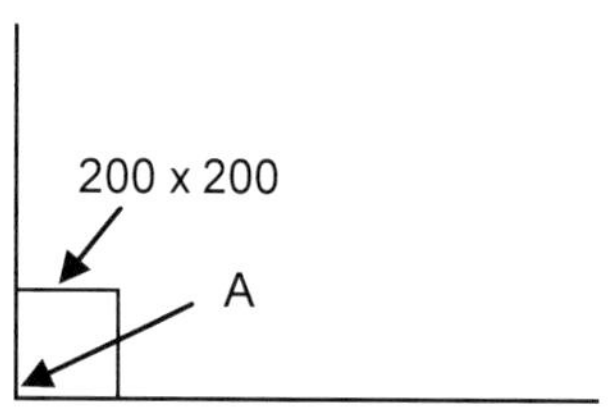

Rechteck (Hallenpfeiler) von 200 x 200

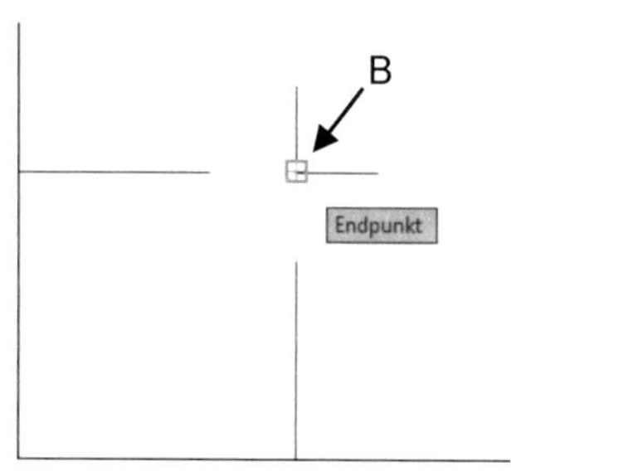

Erzeugtes Rechteck anklicken und mittels *Reihe* kopieren

Zeichnen Sie für die Träger der Wand- und Deckenkonstruktion (Hallenpfeiler) ein Rechteck in die markierte Ecke (A).

- ⬜ ***Rechteck durch zwei Punkte***
- Erster Punkt: Eckpunkt (A)
- Maus nach oben rechts ziehen
- Zweiter Punkt: [200] > [Tab] > [200]
- [Enter]

Kopieren Sie dieses Rechteck mittels Befehl ***Reihe***. Erzeugen Sie eine vereinfachte rechteckige Anordnung und bearbeiten Sie diese anschließend.

- ***Reihe***
- Rechteck (200 x 200) markieren
- [Enter]
- Punkt (B) des Rechtecks wählen
- Punkt (B) des Rechtecks wieder wählen
- [Enter]

Markieren Sie das erste Rechteck mit der linken Maustaste und bearbeiten Sie im Register ***Anordnung*** die folgenden Werte:

Einfügen	Beschriften	Parametrisch	Ansicht	Verwalten	Ausgabe	Plugins

Spalten		Reihen ▾		Ebenen	
5		3		1	
15200		15900		1	
60800		31800		1	

- Spaltenanzahl: 5
- Spaltenabstand: 15200

- Zeilenanzahl: 3
- Zeilenabstand: 15900

4.2.7 Befehlsgruppe: EIGENSCHAFTEN

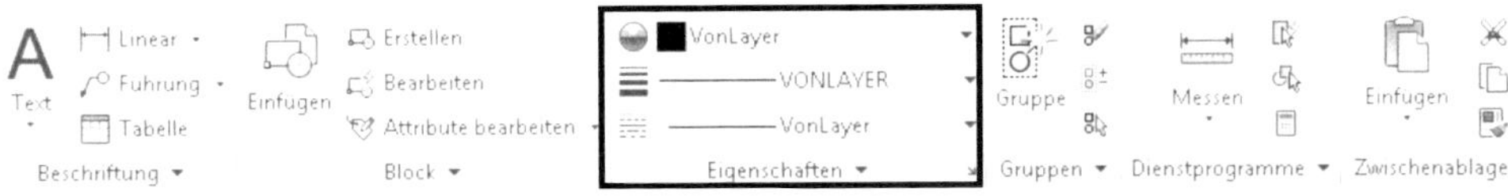

Die Eigenschaften (Farbe, Linientyp, Linienstärke) eines Zeichenobjektes, können entweder über den Layer bestimmt werden dem das Objekt zugewiesen wurde, oder abweichend über die Befehlsgruppe **Eigenschaften**.

4.2.7.1 Anordnung der Hallenpfeiler durch Hilfslinien kennzeichnen

Markierung der beiden Hallenpfeiler (des ersten Trägerpaares)

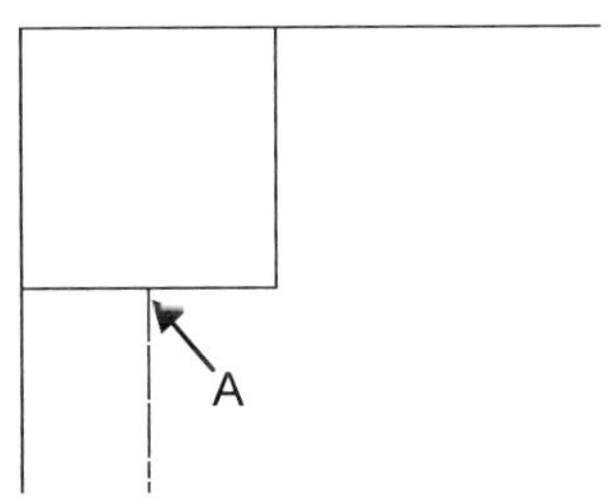

Detailansicht des oberen Hallenpfeilers

Detailansicht des unteren Hallenpfeilers

Es ist üblich, die Anordnung der Hallenpfeiler durch ein Liniengitter zu kennzeichnen. Im Folgenden sollen die ersten beiden Hallenpfeiler auf der linken Seite der Fabrikhalle, durch gestrichelte Hilfslinien gekennzeichnet werden. Dieser Linientyp soll über die Befehlsgruppe **Eigenschaften** definiert werden. Die Linie ist mittig zur Rechtecklinie zu setzen.

- **Linientyp ändern**
- Sonstige...
- Laden... Laden
- ISO Strichlinie __ __ __ __ __ __ __
- ISO Strichlinie __ __ __ __ __ __ __
- OK

- **Linie**
- Markierter Linienmittelpunkt (A)
- Markierter Linienmittelpunkt (B)
- [Esc]

Wiederholen Sie das bei allen restlichen Trägerpaaren (in vertikaler und auch horizontaler Richtung).

4.2.7.2 Außen- und Innenwände durch Rechtecke darstellen

Markierung der beiden Eckpunkte

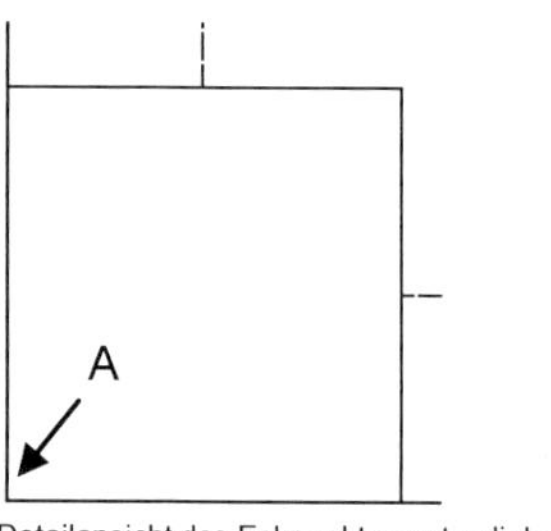

Detailansicht des Eckpunktes unten links

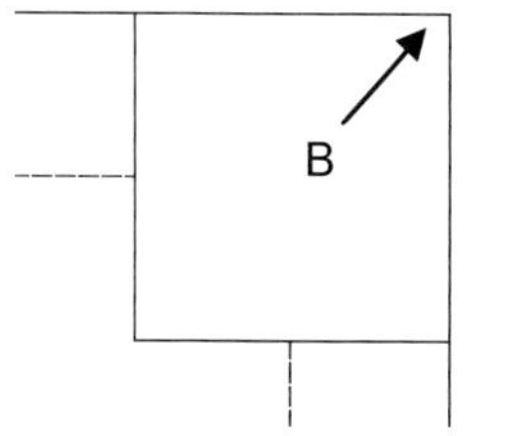

Detailansicht des Eckpunktes oben rechts

In der folgenden Übung soll die Außenwand dargestellt werden. Hierfür muss vorher über die bereits vorhandene Außenkontur, ein weiteres ▢ **Rechteck** gezeichnet werden.

Ändern Sie den ☰ **Linientyp** in der Befehlsgruppe **Eigenschaften** auf **Von Layer** und zeichnen Sie ein Rechteck über die beiden markierten, außen liegenden Eckpunkte.

- ☰ **_Linientyp ändern_**
- ——————VonLayer

- ▢ **_Rechteck durch zwei Punkte_**
- Erster Punkt: Eckpunkt (A)
- Erster Punkt: Eckpunkt (B)

Versetzen Sie das neu gezeichnete Rechteck jetzt um 100 mm nach außen.

- ⬚ **_Versetzen_**
- Abstand: [100] eingeben
- [Enter]
- Neu gezeichnetes Rechteck wählen
- Punkt außerhalb des Rechtecks wählen
- [Esc]

Nachdem die Außenwand erzeugt wurde, soll der Sozialtrakt im rechten Bereich der Halle dargestellt werden. Dies wird in fünf Schritten durch einzelne ▢ **Rechtecke** realisiert.

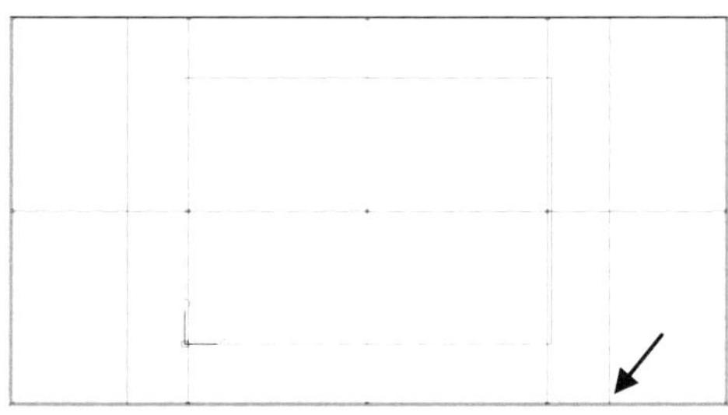

Startpunkt des ersten Rechtecks

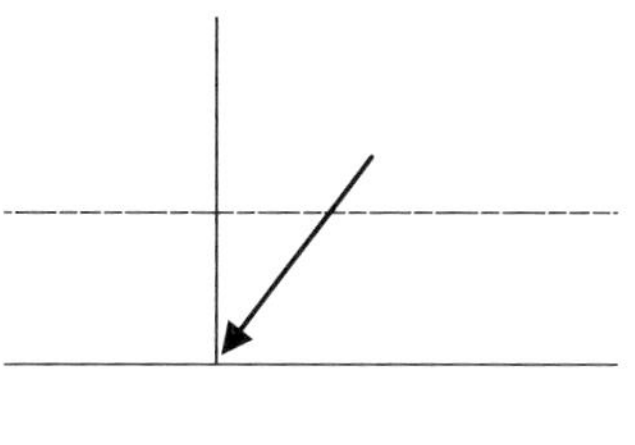

Startpunkt des ersten Rechtecks (Detailansicht)

- ⬚ ***Rechteck durch zwei Punkte***
- Erster Punkt: [36000] > Tab > [-5000]
- Maus nach rechts oben ziehen
- Zweiter Punkt: [50] > [Tab] > [32000]
- [Enter]

- ⬚ ***Rechteck durch zwei Punkte***
- Erster Punkt: [36050] > [Tab] > [1360]
- [Enter]
- Zweiter Punkt: [9950] > [Tab] > [50]
- [Enter]

- ⬚ ***Rechteck durch zwei Punkte***
- Erster Punkt: [36050] > [Tab] > [7770]
- [Enter]
- Zweiter Punkt: [9950] > [Tab] > [50]
- [Enter]

- ⬚ ***Rechteck durch zwei Punkte***
- Erster Punkt: [36050] > [Tab] > [14180]
- [Enter]
- Zweiter Punkt: [9950] > [Tab] > [50]
- [Enter]

- ⬚ ***Rechteck durch zwei Punkte***
- Erster Punkt: [36050] > [Tab] > [20590]
- [Enter]
- Zweiter Punkt: [9950] > [Tab] > [50]
- [Enter]

4.2.7.3 Sperren des Layers: Fabrikhalle

Um bei weiteren Arbeiten den vorhandenen Layer nicht unbeabsichtigt zu ändern, soll der Layer **Fabrikhalle** gesichert werden. Dies kann durch eine **Sperrung** des Layers erfolgen.

- Menü im Layerfenster über das kleine ▾ *Dreieck* öffnen
- Auf das 🔓 *Schloßsymbol* klicken um Layer zu sperren
- Layer sollte dann wie folgt aussehen: 

HINWEIS: Verwenden Sie das 🔓 *Sperren* von Layern, um unbeabsichtigte Änderungen bereits vorhandener Zeichenobjekte zu vermeiden.

4.2.7.4 Erzeugen des Layers: Regalsysteme

Status	Name		Ein	Frieren	Sperre	Farbe		Linientyp	Linienstärke
▱	0	▲	♀	☼	🔓	■	weiß	Continuous ——	Vorgabe
▱	Ansichtsfenster		♀	☼	🔓	■	blau	Continuous ——	Vorgabe
▱	Außenbereich		♀	☼	🔓	■	250	Continuous ——	Vorgabe
✓	Regalsysteme		♀	☼	🔓	■	250	Continuous ——	Vorgabe

- 🗐 ***Layereigenschaften***
- ⬚ Neuer Layer
- Name: [Regalsysteme]

- Farbe: [250]
- Layer ✓ aktivieren
- Layereigenschaften schließen

4.2.7.5 Darstellen eines Regals durch eine freie, geschlossene Polylinie

In den vergangenen Übungen, wurden alle geometrischen Elemente von Anfang an in den gewünschten Abmessungen gezeichnet. Besonders in einer Konstruktionsphase ist es allerdings oft notwendig, undefinierte Konturen zu zeichnen und diese anschließend in Form zu bringen.

Zeichnen Sie die folgende Kontur als ⌁ *Polylinie*. Achten Sie auf eine geschlossene Kontur und zeichnen Sie das Objekt mit Absicht so schräg wie dargestellt.

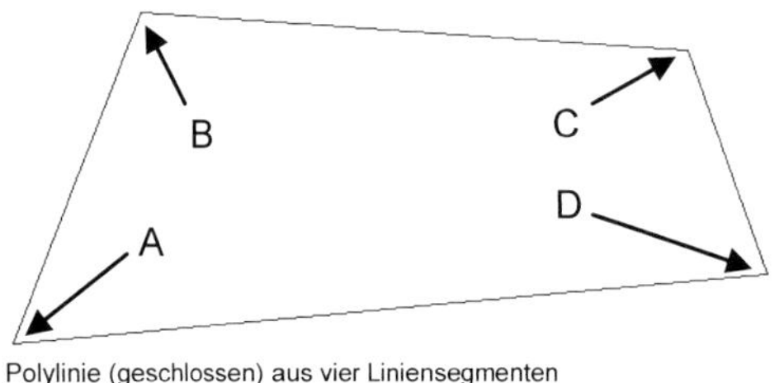

Polylinie (geschlossen) aus vier Liniensegmenten

- ⌁ ***Polylinie***
- Ersten Punkt frei ablegen (A)
- Zweiten Punkt frei ablegen (B)
- Dritten Punkt frei ablegen (C)
- Vierten Punkt frei ablegen (D)
- [S] um Objekt zu schließen

4.3 ZEICHNUNG & BESCHRIFTUNG > Register: PARAMETRISCH
4.3.1 Befehlsgruppe: GEOMETRISCH

Öffnen Sie das Register **Parametrisch**. Hier finden Sie diverse Befehlsgruppen zum Setzen und Verwalten geometrischer Abhängigkeiten und Bemaßungen. Mit der Befehlsgruppe **Geometrisch**, können geometrische Abhängigkeiten gesetzt werden.

4.3.1.1 Befehlsgrundlagen: Zusammenfallend

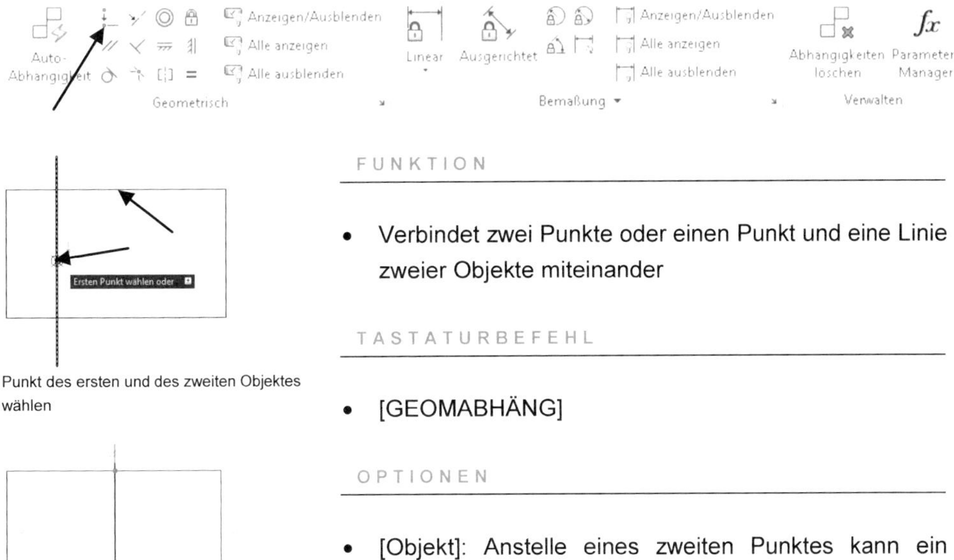

Punkt des ersten und des zweiten Objektes wählen

Beide Objektpunkte decken sich an den gewählten Punkten

FUNKTION

- Verbindet zwei Punkte oder einen Punkt und eine Linie zweier Objekte miteinander

TASTATURBEFEHL

- [GEOMABHÄNG]

OPTIONEN

- [Objekt]: Anstelle eines zweiten Punktes kann ein Objekt (z. B. eine Linie) gewählt werden

4.3.1.2 Befehlsgrundlagen: Kollinear

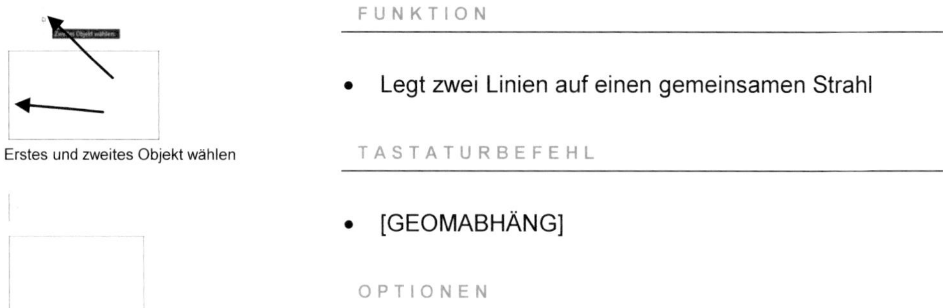

Erstes und zweites Objekt wählen

Beide Linien liegen kollinear zueinander

- Legt zwei Linien auf einen gemeinsamen Strahl

TASTATURBEFEHL

- [GEOMABHÄNG]

OPTIONEN

- [Mehrere]: Aktiviert die Eingabe mehrerer Objekte, welche kollinear zueinander gesetzt werden sollen

4.3.1.3 Befehlsgrundlagen: Konzentrisch

Links: Erstes und zweites Objekt wählen
Rechts: Objekte konzentrisch zueinander

FUNKTION

- Legt die Mittelpunkte zweiter Kreise/ Bögen aufeinander der

TASTATURBEFEHL

- [GEOMABHÄNG]

4.3.1.4 Befehlsgrundlagen: Fest

Setzt ein Objekt in seiner Position und Ausrichtung zum Koordinatenursprung (BKS) fest. Die Größe des Objektes kann weiterhin verändert werden.

TASTATURBEFEHL: [AUTOABHÄNG]

4.3.1.5 Befehlsgrundlagen: Parallel

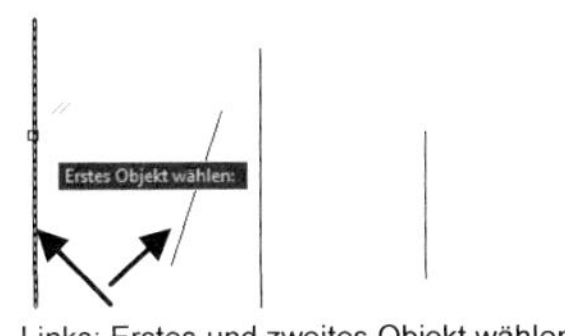

Links: Erstes und zweites Objekt wählen
Rechts: Beide Linien parallel zueinander

FUNKTION

- Setzt zwei Geraden parallel zueinander

TASTATURBEFEHL

- [GEOMABHÄNG]

4.3.1.6 Befehlsgrundlagen: Lot

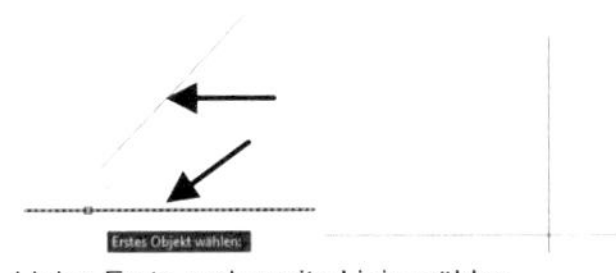

Links: Erste und zweite Linie wählen
Rechts: Beide Linien lotrecht zueinander

FUNKTION

- Setzt zwei Geraden lotrecht (90°) zueinander

TASTATURBEFEHL

- [GEOMABHÄNG]

4.3.1.7 Befehlsgrundlagen: Horizontal

Setzt eine Gerade parallel zur X-Achse des Koordinatensystems (BKS).

TASTATURBEFEHL: [AUTOABHÄNG]

4.3.1.8 Befehlsgrundlagen: Vertikal

Setzt eine Gerade parallel zur Y-Achse des Koordinatensystems (BKS).

TASTATURBEFEHL: [AUTOABHÄNG]

4.3.1.9 Befehlsgrundlagen: Tangente

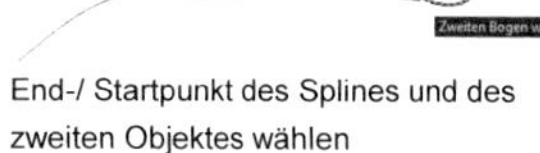

Erstes und zweites Objekt wählen

Beide Objekte liegen tangential aneinander

FUNKTION

- Legt zwei Objekte tangential aneinander

TASTATURBEFEHL

- [GEOMABHÄNG]

4.3.1.10 Befehlsgrundlagen: Glatt

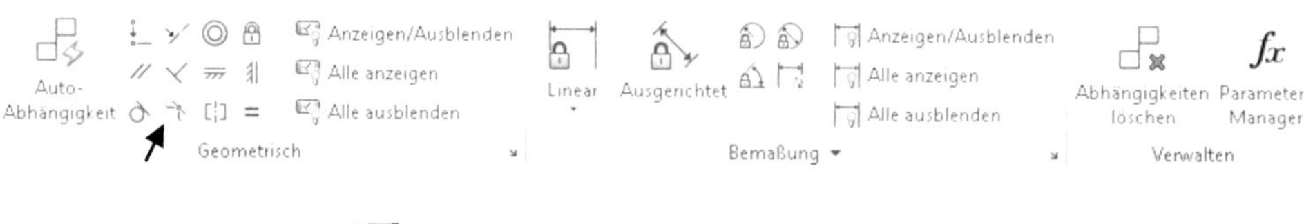

End-/ Startpunkt des Splines und des
zweiten Objektes wählen

Beide Splines wurden stetig (Glatt) miteinander verbunden

FUNKTION

- Verbindet das Ende eines Splines stetig (G2) mit einem anderen Objekt (Spline/ Linie/ Bogen/ Polylinie)

TASTATURBEFEHL

- [GEOMABHÄNG]

4.3.1.11 Befehlsgrundlagen: Symmetrisch

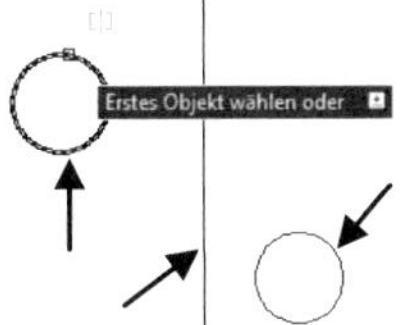

Erstes, zweites Objekt und Symmetrielinie
wählen

Kreise liegen (über die Symmetrielinie)
symmetrisch zueinander

FUNKTION

- Richtet zwei Objekte symmetrisch zueinander an einer
  Symmetrielinie aus

TASTATURBEFEHL

- [GEOMABHÄNG]

OPTIONEN

- [Zwei Punkte]: Anstelle zweier Objekte werden zwei
  Punkte (z. B. die Mittelpunkte zweier Kreise) symmetrisch zueinander ausgerichtet

4.3.1.12 Befehlsgrundlagen: Gleich

Objekte wählen

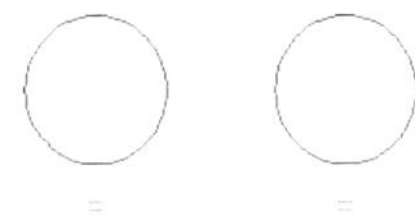

Beide Kreise besitzen denselben Radius

FUNKTION

- Weist einem Objekt die Eigenschaften (Länge/ Radius/
  Bogenlänge) eines anderen Objektes zu

TASTATURBEFEHL

- [GEOMABHÄNG]

4.3.1.13 Dem freien Objekt geometrische Abhängigkeiten zuweisen

In der folgen Übung sollen zwei Linien des Objektes mit der geometrischen Abhängigkeit ***Horizontal*** versehen werden.

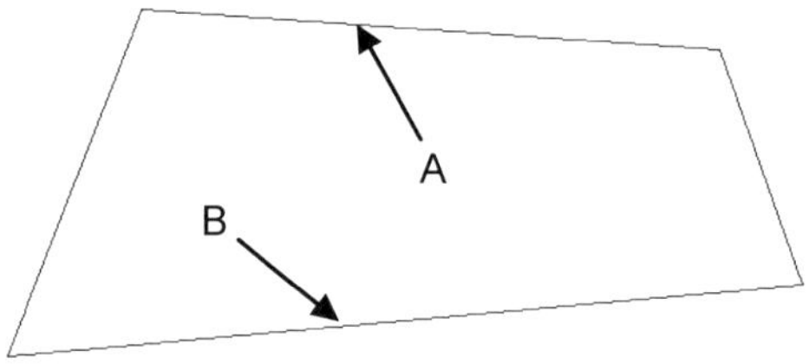

Zeichenobjekt geometrisch unbestimmt

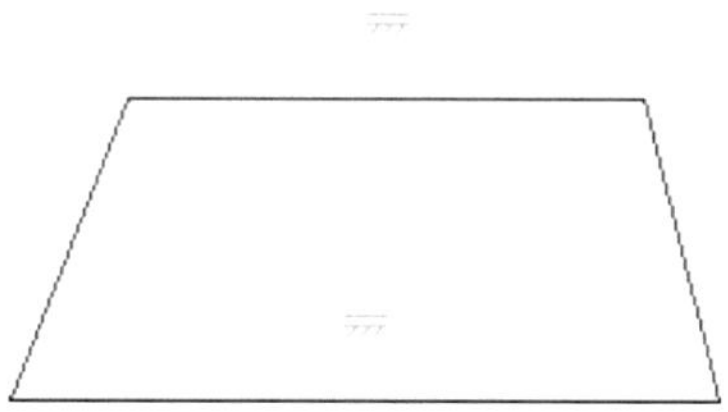

Obere und untere Linie mit der Abhängigkeit ***Horizontal*** versehen

- ***Horizontal***
- Markierte Linie (A) wählen

- ***Horizontal***
- Markierte Linie (B) wählen

Weisen Sie den beiden anderen Linien jetzt die Abhängigkeit ***Vertikal*** zu.

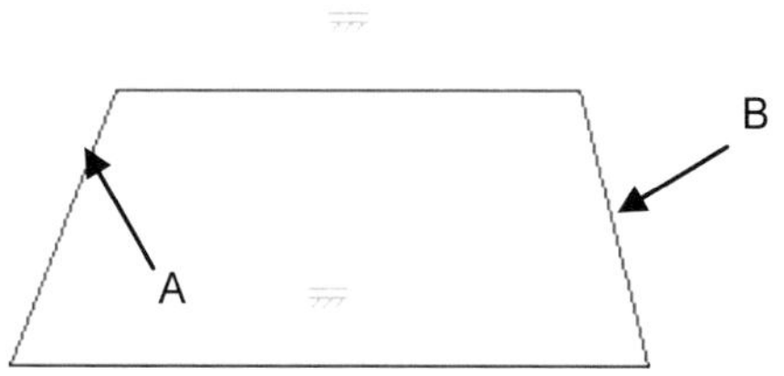

Markierte Linien geometrisch unbestimmt

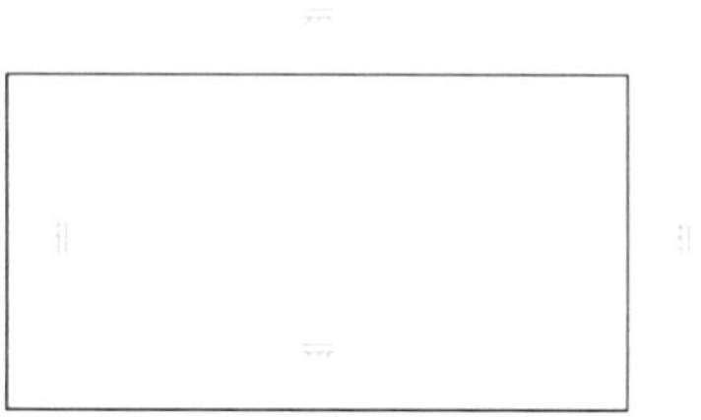

Markierte Linien ***Vertikal***

- ***Vertikal***
- Markierte Linie (A) wählen

- ***Vertikal***
- Markierte Linie (B) wählen

Das Ergebnis ist ein Rechteck mit veränderlicher Größe, aber horizontalen und vertikalen Abhängigkeiten. Nachdem ein Objekt mit einer Abhängigkeit versehen wurde, erscheint das betreffende Abhängigkeitssymbol an der betreffenden Linie.

HINWEIS: Ob Abhängigkeiten angezeigt werden sollen, legen Sie über die Befehle ***gewählte geometrische Abhängigkeiten anzeigen/ ausblenden***, ***alle geometrischen Abhängigkeiten anzeigen*** oder ***alle geometrischen Abhängigkeiten ausblenden*** fest.

4.3.2 Befehlsgruppe: BEMASSUNG

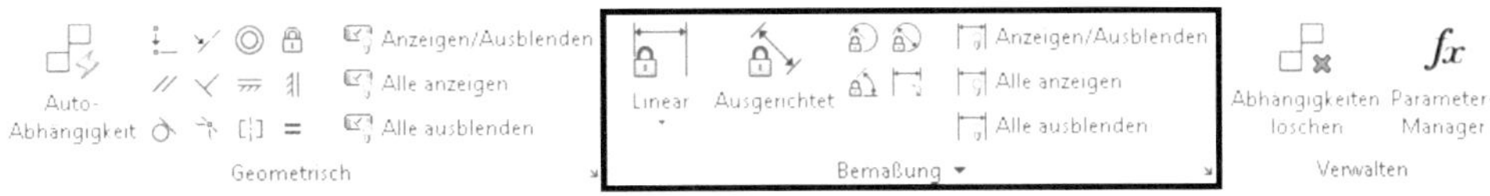

Die Befehlsgruppe **Bemaßungen** enthält verschiedene parametrische Bemaßungsbefehle. Diese sind ähnlich aufgebaut, wie die einfachen Bemaßungsbefehle. Objekte mit einfachen Bemaßungen können allerdings beliebig verändert werden, Objekte mit parametrischen Bemaßungen nur durch Bearbeiten des Bemaßungs-Textwertes.

4.3.2.1 Befehlsgrundlagen: Linear

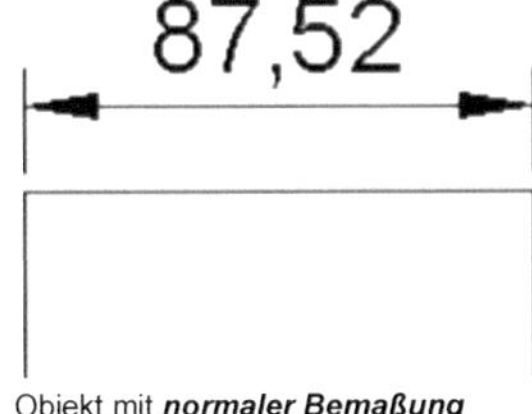

Objekt mit **normaler Bemaßung**

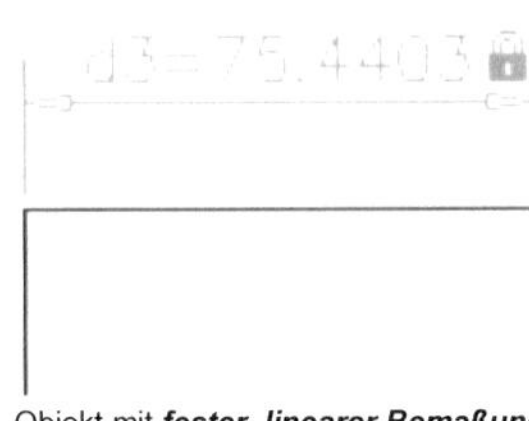

Objekt mit **fester, linearer Bemaßung**

FUNKTION

- Erzeugt eine feste, lineare (horizontale oder vertikale) Bemaßung zwischen zwei Punkten

TASTATURBEFEHL

- [BALINEAR]

OPTIONEN

- [Objekt]: Anstelle zweier Bemaßungspunkte kann ein Objekt direkt gewählt werden

4.3.2.2 Befehlsgrundlagen: Horizontal

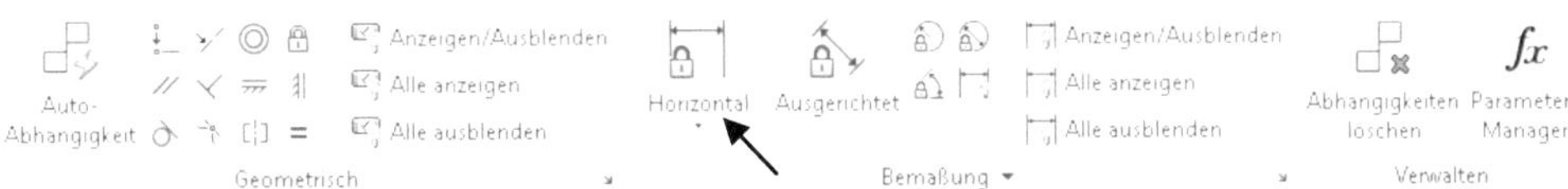

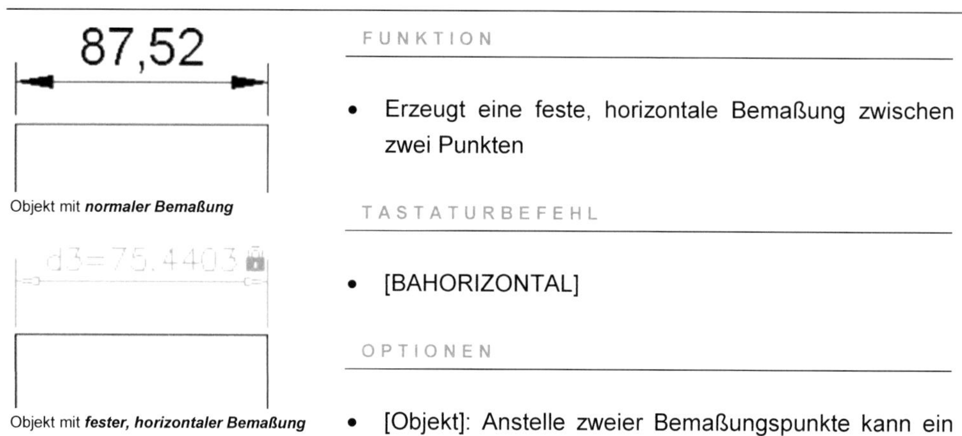

Objekt mit *normaler Bemaßung*

Objekt mit *fester, horizontaler Bemaßung*

F U N K T I O N

- Erzeugt eine feste, horizontale Bemaßung zwischen zwei Punkten

T A S T A T U R B E F E H L

- [BAHORIZONTAL]

O P T I O N E N

- [Objekt]: Anstelle zweier Bemaßungspunkte kann ein Objekt direkt gewählt werden

4.3.2.3 Befehlsgrundlagen: Vertikal

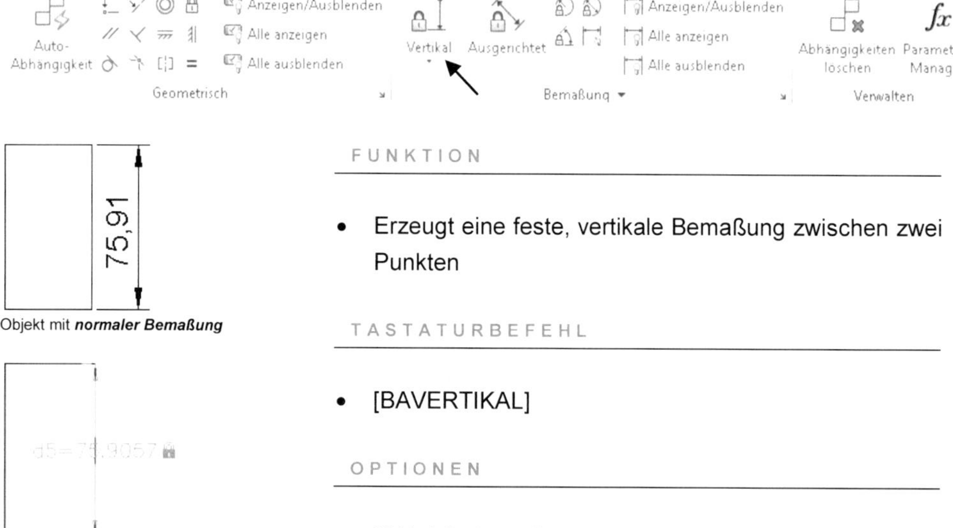

Objekt mit *normaler Bemaßung*

Objekt mit *fester, vertikaler Bemaßung*

F U N K T I O N

- Erzeugt eine feste, vertikale Bemaßung zwischen zwei Punkten

T A S T A T U R B E F E H L

- [BAVERTIKAL]

O P T I O N E N

- [Objekt]: Anstelle zweier Bemaßungspunkte kann ein Objekt direkt gewählt werden

4.3.2.4 Befehlsgrundlagen: Ausgerichtet

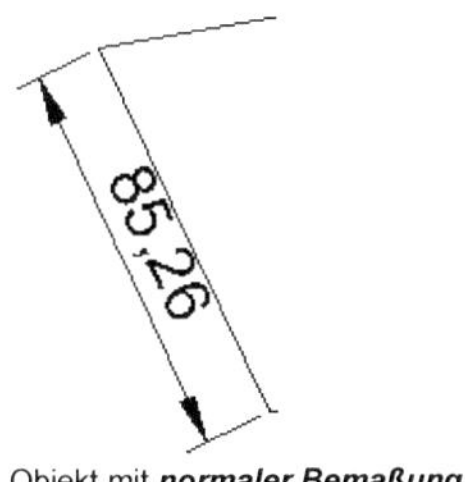

Objekt mit **normaler Bemaßung**

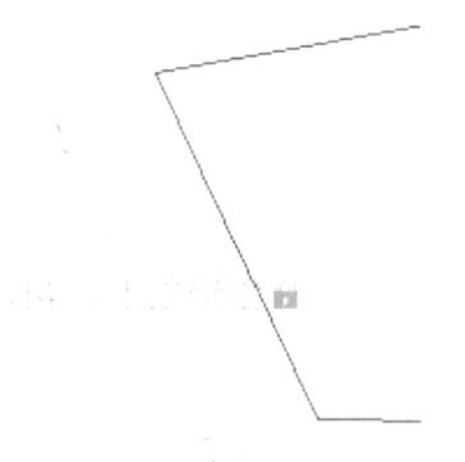

Objekt mit **fester, ausgerichteter Bemaßung**

FUNKTION

- Erzeugt eine feste Bemaßung zwischen zwei Punkten, ausgerichtet an einem Objekt

TASTATURBEFEHL

- [BAAURICHT]

OPTIONEN

- Erzeugt eine feste, vertikale Bemaßung zwischen zwei Punkten
- [Punkt & Linie]: Anstelle zweier Punkte können ein Punkt und eine Linie gewählt werden
- [2Linien]: Anstelle zweier Punkte können zwei Linien gewählt werden

4.3.2.5 Befehlsgrundlagen: Radius

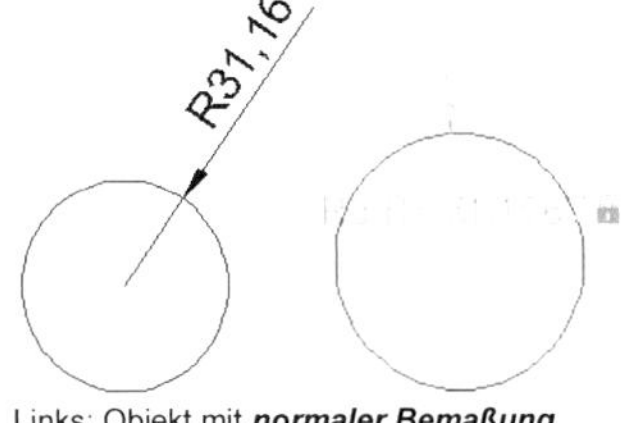

Links: Objekt mit **normaler Bemaßung**
Rechts: Objekt mit **fester Bemaßung**

FUNKTION

- Erzeugt eine feste Radiusbemaßung an einem Kreis/ Bogen

TASTATURBEFEHL

- [BARADIUS]

4.3.2.6 Befehlsgrundlagen: Durchmesser

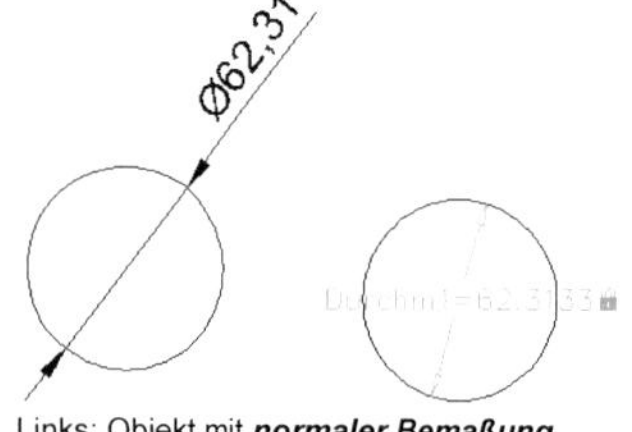

Links: Objekt mit **normaler Bemaßung**
Rechts: Objekt mit **fester Bemaßung**

FUNKTION

- Erzeugt eine feste Durchmesserbemaßung an einem Kreis/ Bogen

TASTATURBEFEHL

- [BADURCHMESSER]

4.3.2.7 Befehlsgrundlagen: Winkel

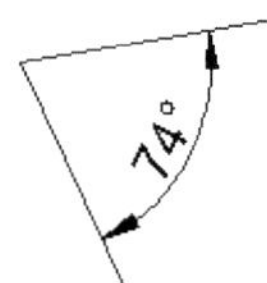

Objekt mit **normaler Bemaßung**

Objekt mit **fester Winkelbemaßung**

FUNKTION

- Erzeugt eine feste Winkelbemaßung zwischen zwei Linien oder drei Punkten

TASTATURBEFEHL

- [BAWINKEL]

OPTIONEN

- [3Punkt]: Anstelle zweier Linien können drei Punkte definiert werden

4.3.2.8 Befehlsgrundlagen: Konvertieren

Konvertiert ein normales Maß in ein festes Maß (Bemaßungsabhängigkeit).

                    [BAKONVERTIER]

4.3.2.9 Befehlsgrundlagen: Dynamische Abhängigkeiten anzeigen/ ausblenden

Ausgewählte feste Maße (Bemaßungsabhängigkeiten) werden angezeigt oder ausgeblendet.

                    [BAANZEIGE]

4.3.2.10 Befehlsgrundlagen: Alle dynamischen Abhängigkeiten anzeigen

Alle festen Maße (Bemaßungsabhängigkeiten) werden angezeigt.

                    [BAANZEIGE]

4.3.2.11 Befehlsgrundlagen: Alle dynamischen Abhängigkeiten ausblenden

Alle festen Maße (Bemaßungsabhängigkeiten) werden ausgeblendet. [BAANZEIGE]

4.3.2.12 Befehlsgrundlagen: Dynamischer Abhängigkeitsmodus

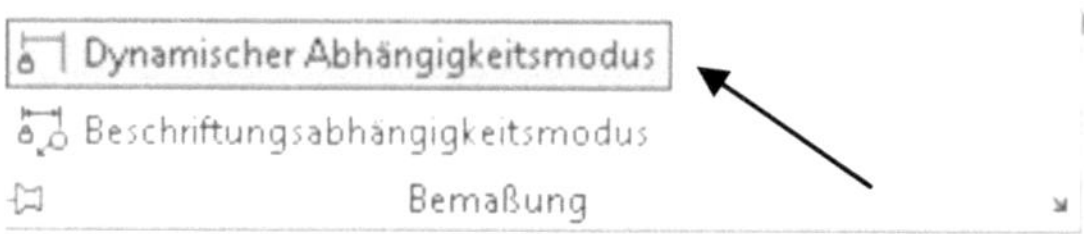

Wird dieser Modus aktiviert und anschließend ein festes Maß (Bemaßungsabhängigkeit) erzeugt, wird dieses Maß als dynamisches Maß erstellt. Das Maß passt sich beim Zoomen der Zeichnung automatisch in der Texthöhe an.

TASTATURBEFEHL: [CCONSTRAINTFORM]

4.3.2.13 Befehlsgrundlagen: Beschriftungsabhängigkeitsmodus

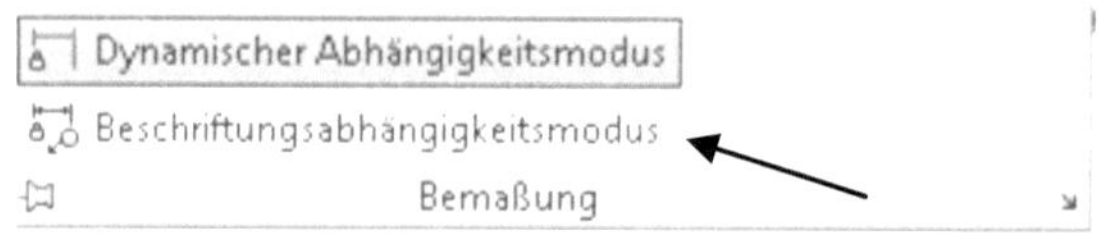

Wird dieser Modus aktiviert und anschließend ein festes Maß (Bemaßungsabhängigkeit) erzeugt, wird dieses Maß als Beschriftungsstil erstellt. Das Maß wird sich beim Zoomen der Zeichnung nicht automatisch in der Texthöhe anpassen, sondern nur in Verbindung mit einer Beschriftungs-Maßstabs-Änderung.

TASTATURBEFEHL: [CCONSTRAINTFORM]

4.3.2.14 Polylinie mit parametrischen Bemaßungsabhängigkeiten versehen

In unserem letzten Übungsbeispiel wurde eine Linienkontur gezeichnet, welche durch geometrische Abhängigkeiten in ein Rechteck konvertierte.

Dieses Rechteck soll jetzt mit zwei parametrischen Bemaßungsabhängigkeiten versehen werden.

Verwenden Sie die Befehle **Horizontale Bemaßungsabhängigkeit** und **Vertikale Bemaßungsabhängigkeit**.

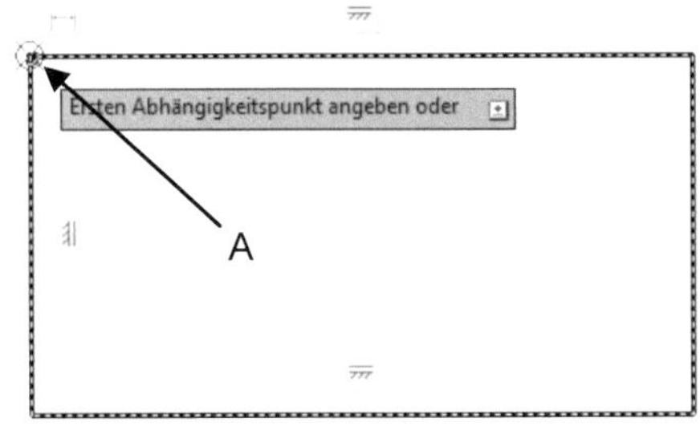

Ersten Punkt markieren

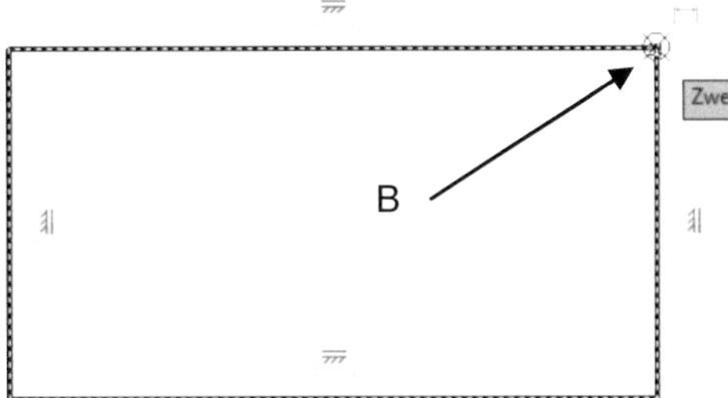

Zweiten Punkt markieren

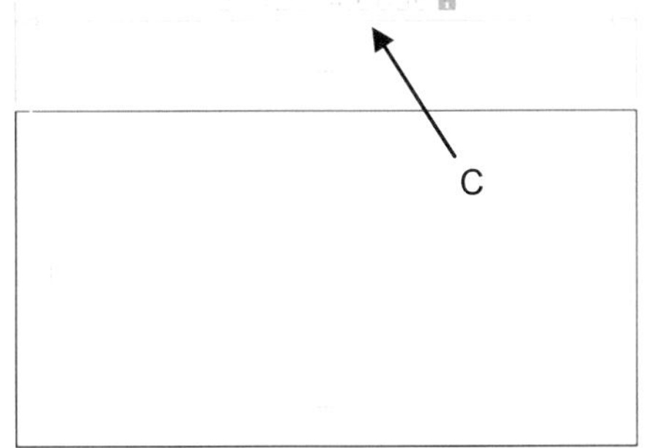

Dritten Punkt markieren

* 🔒 *__Horizontale Bemaßungsabh.__*
* Ersten markierten Punkt (A) wählen
* Zweiten markierten Punkt (B) wählen
* Maß ablegen (C) ohne zu ändern
* [Enter]

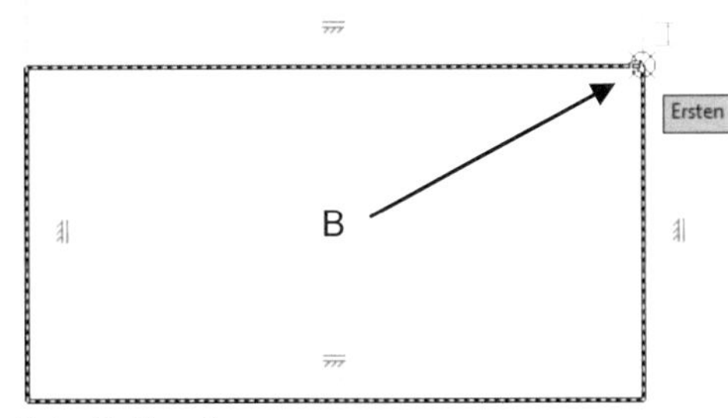

Ersten Punkt markieren

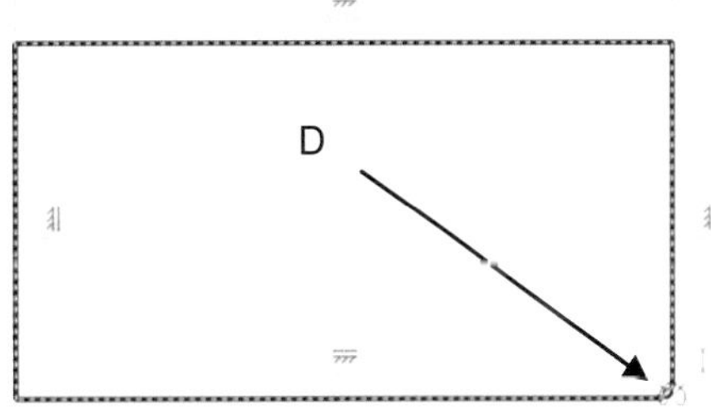

Zweiten Punkt markieren

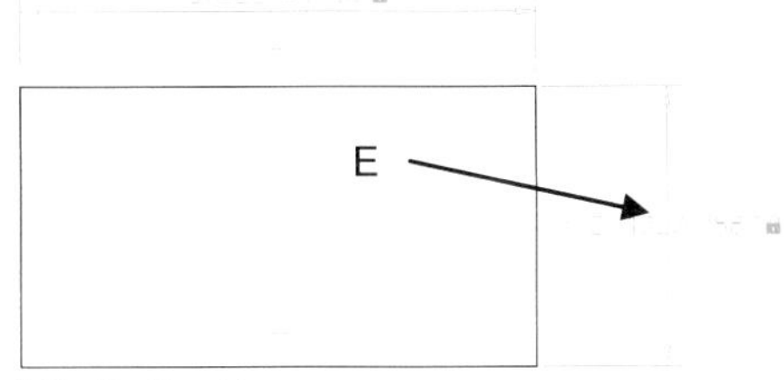

Dritten Punkt markieren

* 🔒 *__Vertikale Bemaßungsabh.__*
* Ersten markierten Punkt (B) wählen
* Zweiten markierten Punkt (D) wählen
* Maß ablegen (E) ohne zu ändern
* [Enter]

4.3.2.15   Regal kopieren

Verwenden Sie den Befehl ⁰⁄ **Kopieren** um das Rechteck einmal zu kopieren. Legen Sie die Kopie rechts daneben ab. Die parametrischen Objekt- und Bemaßungseigenschaften werden beim Kopieren automatisch übernommen.

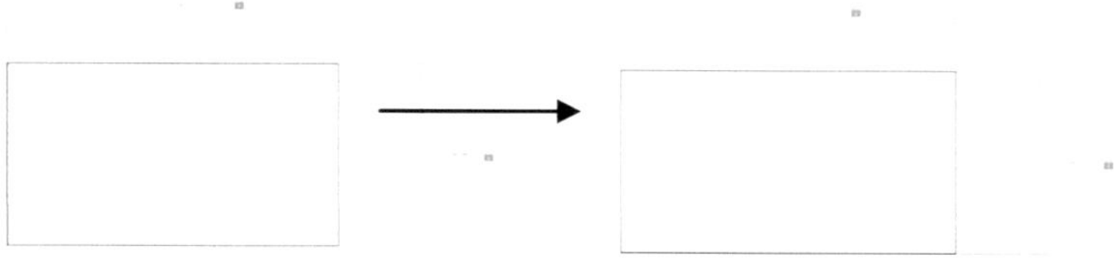

Objekt mit allen parametrischen Objekt- und Bemaßungseigenschaften kopieren

4.3.3   Befehlsgruppe: VERWALTEN

Die Befehlsgruppe **Verwalten** enthält Befehle zum Löschen oder Bearbeiten von Bemaßungsabhängigkeiten. Besonders von Interesse ist der **Parameter-Manager**.

4.3.3.1   Befehlsgrundlagen: Parameter-Manager

Dieser Befehl öffnet den **Parameter-Manager**, zur Verwaltung aller in einer Zeichnung vorhandener Bemaßungsabhängigkeiten. Jeder Parametername kann durch eine eigene, eindeutige Bezeichnung ersetzt werden. Die Spalte **Ausdruck** enthält die Werte der jeweiligen Parameter. Hier können Gleichungen verwendet werden um parametrische Abhängigkeiten zu erzeugen. Die Spalte **Wert** enthält den jeweiligen Bemaßungswert (Berechnungsergebnis). Mit dem Parameter-Manager, können Sie aus parametrischen Bemaßungen komplexe Gleichungssysteme erzeugen und somit parametrische Abhängigkeiten zwischen geometrischen Elementen erzeugen.

TASTATURBEFEHL: [PARAMETER]

4.3.3.2 Verwalten der parametrischen Werte (Parameter-Manager)

In der folgenden Übung, sollen die parametrischen Bemaßungsabhängigkeiten der beiden in der Zeichnung vorhandenen Rechtecke voneinander abhängig gemacht werden. Jedes Rechteck soll ein Regal darstellen.

Alle Bemaßungsabhängigkeiten sollen eigene Bezeichnungen erhalten und über Gleichungen miteinander verknüpft werden. Im Ergebnis werden zwei Regale mit unterschiedlichen Abmessungen, aber einem steuernden Basiswert entstehen.

Nachdem Sie den f_x **Parameter-Manager** geöffnet haben, ändern Sie die vorhandenen Werte in den Spalten **Name** und **Ausdruck** wie folgt. Achten Sie darauf, zuerst die gesamte Spalte **Name**, dann erst die Spalte **Ausdruck** zu ändern. Das Programm könnte sonst unter Umständen protestieren (Verweise auf nicht vorhandene Parameternamen).

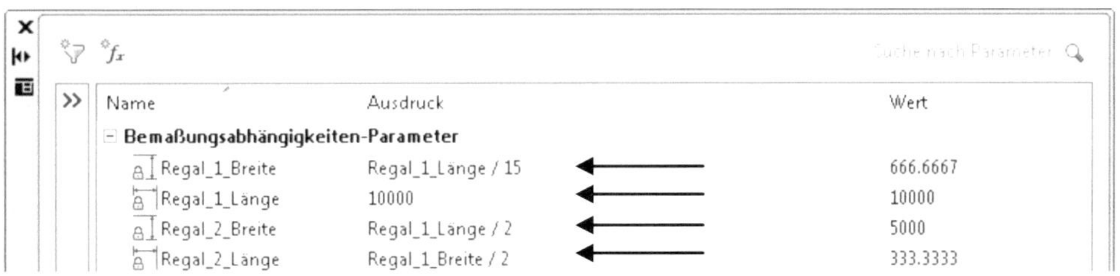

Parameter-Manager mit geänderten Werten

Zeile	Name	Ausdruck
1	[Regal_1_Breite]	[Regal_1_Länge / 15]
2	[Regal_1_Länge]	[10000]
3	[Regal_2_Breite]	[Regal_1_Länge / 2]
4	[Regal_2_Länge]	[Regal_1_Breite / 2]

Alle Werte sind jetzt vom Parameterwert **Regal_1_Länge** abhängig. Ändern Sie diesen Wert jetzt auf [15000] und beobachten Sie, wie sich alle anderen Werte daran ausrichten.

Schließen Sie den Parameter-Manager wieder und blenden Sie anschließend alle **geometrischen Abhängigkeiten** sowie **Bemaßungsabhängigkeiten** aus.

HINWEIS: Diese Übung, dient zur kurzen Demonstration der Möglichkeiten des fx **_Parameter-Managers_**. Testen Sie weitere Möglichkeiten. Zeichnen Sie einfache geometrische Objekte, versehen Sie diese mit parametrischen Bemaßungen und erzeugen Sie eigene Gleichungssysteme im Parameter-Manager.

4.3.3.3 Regale positionieren

Die Regale wurden durch geometrische Abhängigkeiten in die richtige Form gebracht und durch parametrische Bemaßungen in die richtige Größe.

Verwenden Sie den Befehl ✛ **_Verschieben_**, um das (große) Regal wie dargestellt zu positionieren.

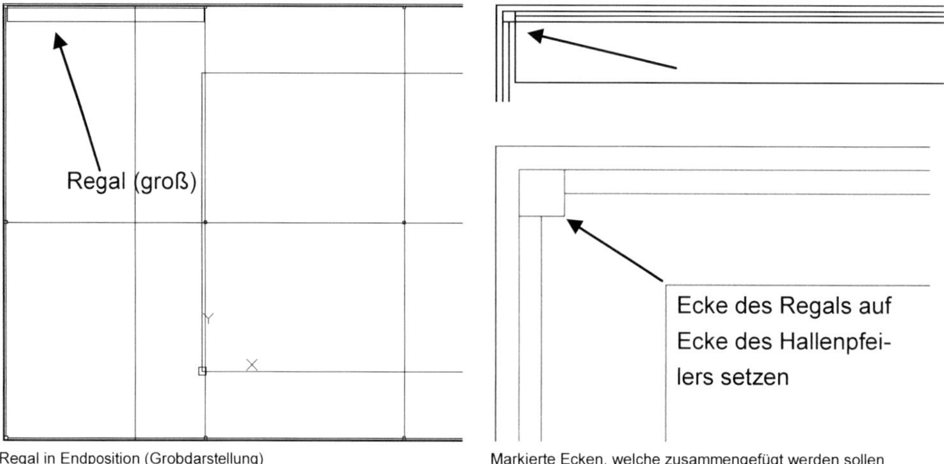

Regal in Endposition (Grobdarstellung)   Markierte Ecken, welche zusammengefügt werden sollen

Wenn das Regal an der gewünschten Position liegt, verwenden Sie den Befehel ⚙ **_Kopieren_**, um zwei weitere Regale rechts daneben (in einem Abstand von jeweils 200 mm) zu erzeugen (A).

Kopieren Sie anschließend die drei großen Regale einmal und ordnen Sie diese Kopie äquivalent an der unteren Seite der Halle an (B).

Das kleine Regal anschließend einmal ⚙ **_kopieren_** und jeweils Stoß an Stoß mit den großen Regalen an der linken Hallenseite positionieren (C).

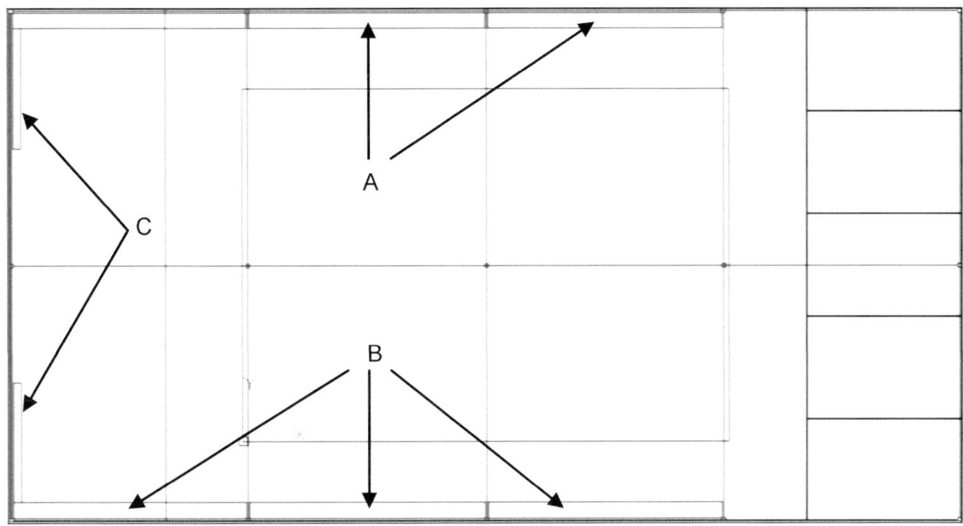

Gesamte Anordnung der Regale oben, unten und links

HINWEIS: Nachdem alle Objekte an der gewünschten Position liegen, müssen die geometrischen Abhängigkeiten erneut  *ausgeblendet* werden.

4.3.3.4 Erzeugen des Layers: Außenbereich

Status	Name		Ein	Frieren	Sperre	Farbe	Linientyp	Linienstärke
▱	0	▲	▢	☼	🔓	■ weiß	Continuous	—— Vorgabe
▱	Ansichtsfenster		▢	☼	🔓	■ blau	Continuous	—— Vorgabe
▱	Defpoints		▢	☼	🔓	■ weiß	Continuous	—— Vorgabe
▱	Fabrikhalle		▢	☼	🔓	■ 250	Continuous	—— Vorgabe
✓	Außenbereich		▢	☼	🔓	■ 250	Continuous	—— Vorgabe

- 🗐 *Layereigenschaften*
- ✍ Neuer Layer
- Name: [Außenbereich]

- Farbe: [250]
- Layer ✓ aktivieren
- Layereigenschaften schließen

4.3.3.5 Anlieferbereich für LKW zeichnen

Nachdem die Fabrikhalle fertig gestellt wurde, kann jetzt mit dem Außenbereich gestartet werden. Zeichnen Sie eine *Polylinie* mit den folgenden Werten:

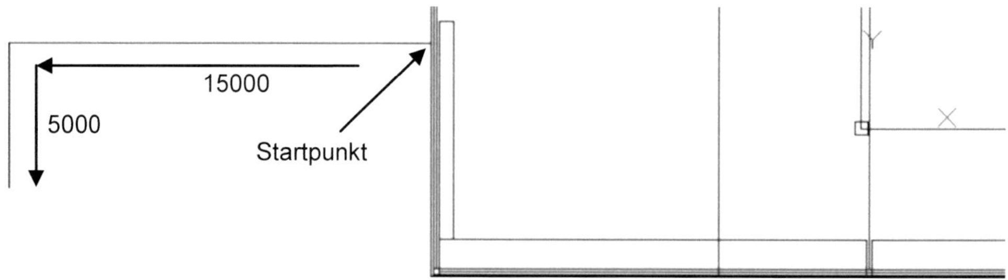

Zeichnen der ersten Polylinie für den LKW-Anlieferbereich (Detailansicht der Fabrikhalle, unten, links)

- ⤴ ***Polylinie***
- Startpunkt: [-15100] > [Tab] > [2950]
- [Enter]

- Linie [15000] nach links zeichnen
- Linie [5000] nach unten zeichnen
- [Esc]

HINWEIS: Aktivieren Sie den ⌐ **Ortho-Modus**, um die Polylinie horizontal/ vertikal zu zeichnen.

4.3.3.6 Befehlsgrundlagen: Fasen (BG: ÄNDERN)

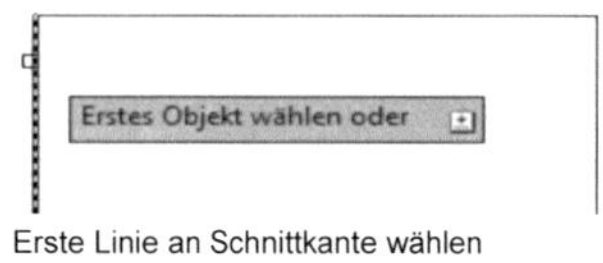

Erste Linie an Schnittkante wählen

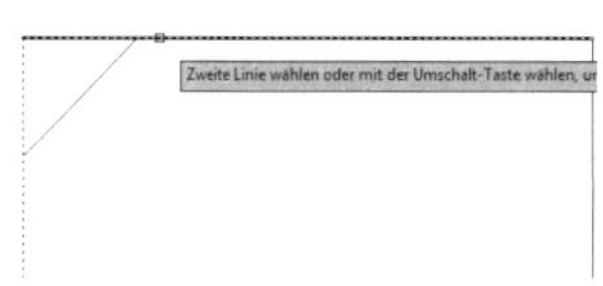

Zweite Linie an Schnittkante wählen

FUNKTION

- Ermöglicht das Kanten sich schneidender Objekte am Schnittpunkt

TASTATURBEFEHL

- [FASE]

OPTIONEN

- [Rückgängig]: Löscht den letzten Befehl
- [Polylinie]: Kantet eine Polylinie im Ganzen ab
- [Abstand]: Fasendefinition über Länge zum Schnittpunkt (gleichschenklig oder ungleichschenklig)

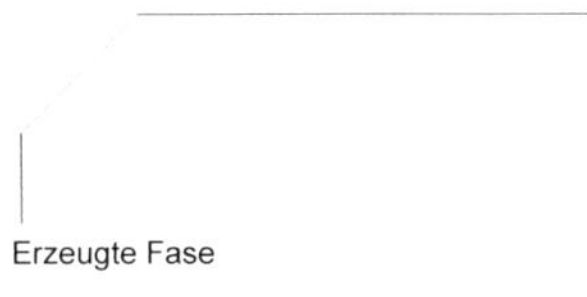

Erzeugte Fase

- [Winkel]: Fasendefinition über Länge und Winkel
- [Stutzen]: Entfernt die Linienecke nach den Fasen oder nicht
- [Methode]: Zeigt die aktuelle Fasendefinition an und ermöglicht einen Wechsel
- [Mehrere]: Ermöglicht die Gestaltung mehrerer Fasen, auch mit wechselnder Größe und Methode

4.3.3.7   Fasen des Eckbereiches

Neben dem Abrunden ist der Befehl ⌐ **Fasen** ein wichtiger Bestandteil in der Bearbeitung von geometrischen Objekten. Erzeugen Sie in der folgenden Übung eine Fase am Eckpunkt der soeben erzeugten Polylinie.

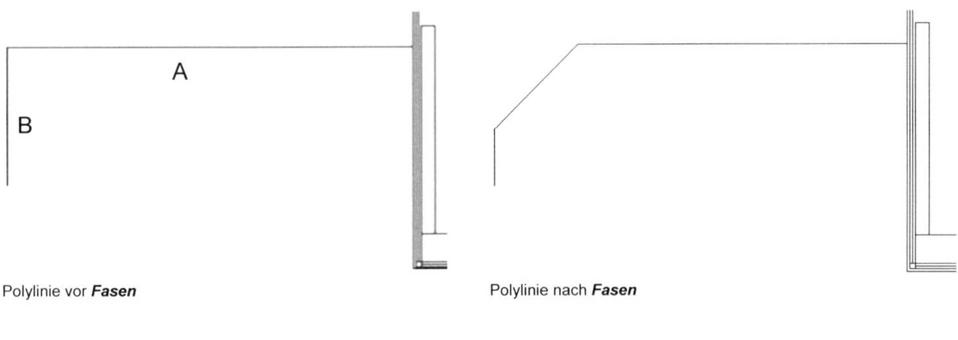

Polylinie vor **Fasen**

Polylinie nach **Fasen**

- ⌐ **_Fasen_**
- (Befehlsgruppe: Ändern)
- [Abstand]
- [Enter]
- Erster Abstand: [3000]

- [Enter]
- Zweiter Abstand: [3000]
- [Enter]
- Erstes Liniensegment wählen (A)
- Zweites Liniensegment wählen (B)

4.3.3.8   Polylinie abrunden und versetzen

Die gefaste Polylinie soll jetzt ⌐ **_abgerundet_** und ⌐ **_versetzt_** werden.

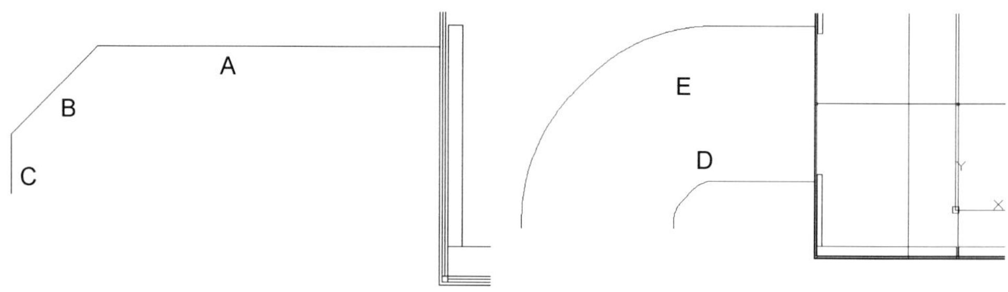

Polylinie nach *Fasen* und vor *Abrunden*

Polylinie nach *Abrunden* und *Versetzen*

- ⬜ ***Abrunden***
- [Radius] > [Enter]
- [3000] > [Enter]
- [Mehrere] > [Enter]
- Erstes Liniensegment wählen (A)
- Zweites Liniensegment wählen (B)
- Zweites Liniensegment wählen (B)
- Dritte Liniensegment wählen (C)
- [Esc]

- ⬚ ***Versetzen***
- Abstand: [16100] eingeben
- [Enter]
- Zu versetzendes Objekt wählen (D)
- Punkt auf Seite wählen, in deren Richtung versetzt werden soll (E)
- [Esc]

4.3.3.9 *Parkplatz für PKW zeichnen*

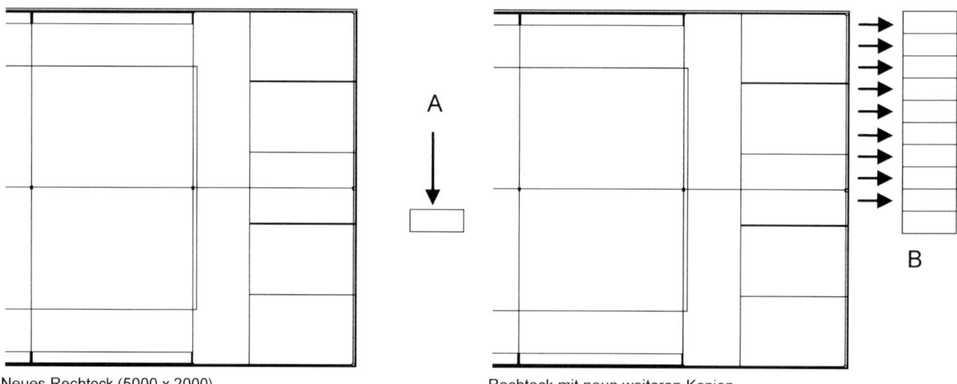

Neues Rechteck (5000 x 2000)

Rechteck mit neun weiteren Kopien

Nachdem auf der linken Hallenseite der LKW-Bereich gezeichnet wurde, soll auf der rechten Hallenseite noch ein PKW-Parkplatz erzeugt werden. Zeichnen Sie hierfür ein ⬜ **Rechteck** und ⬚ **kopieren** Sie das Rechteck anschließend (9x). Die Kopien sollen übereinander angeordnet werden.

- ▢ ***Rechteck***
- Erster Punkt: [51100] > [Tab] > [7100]
- [Enter]
- Zweiter Punkt: [5000] > [Tab] > [2000]
- [Enter]

- ***Kopieren***
- Rechteck (A) 9x kopieren und übereinander anordnen (B)

Zeichnen Sie anschließend die folgenden beiden ***Polylinien*** und runden Sie diese ab.

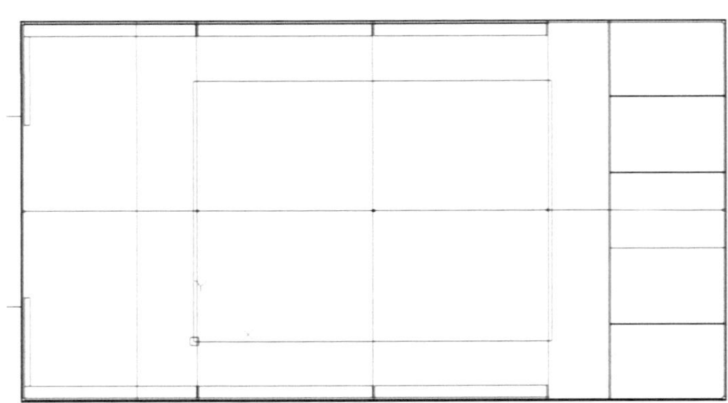

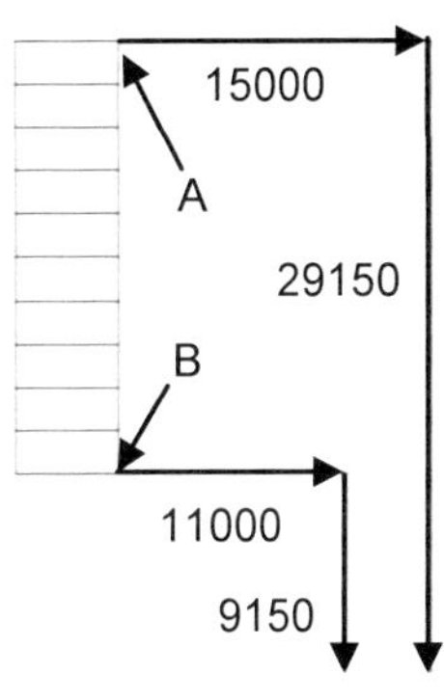

Zeichnen zweier Polylinien, anschließend an die vorhandenen Parkplätze

- ***Polylinie***
- Startpunkt: Markierter Punkt (A)
- [Enter]
- Linie [15000] nach rechts zeichnen
- Linie [29150] nach unten zeichnen
- [Esc]

- ***Polylinie***
- Startpunkt: Markierter Punkt (B)
- [Enter]
- Linie [11000] nach rechts zeichnen
- Linie [9150] nach unten zeichnen
- [Esc]

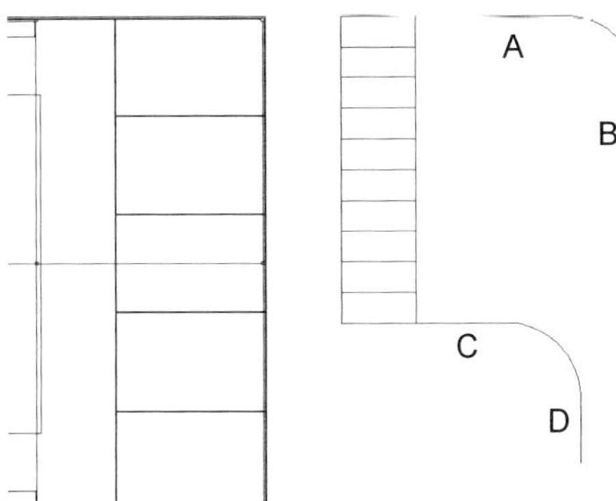

- ▢ ***Abrunden***
- [Radius] > [Enter]
- [5000] > [Enter]
- [Mehrere] > [Enter]
- Erste Linie wählen (A)
- Zweite Linie wählen (B)
- Dritte Linie wählen (C)
- Vierte Linie wählen (D)
- [Esc]

4.3.3.10 Befehlsgrundlagen: Stutzen (BG: ÄNDERN)

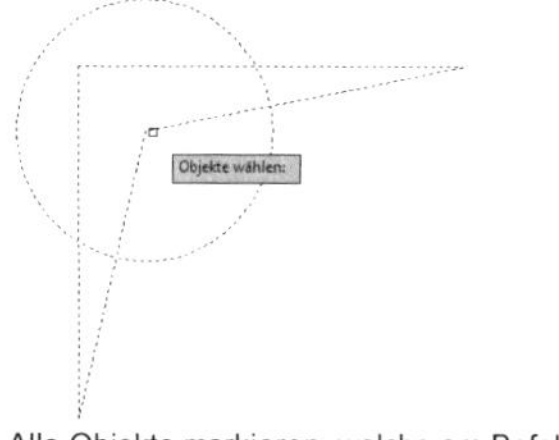

Alle Objekte markieren, welche am Befehl beteiligt sind

Zu stutzende Objekte wählen

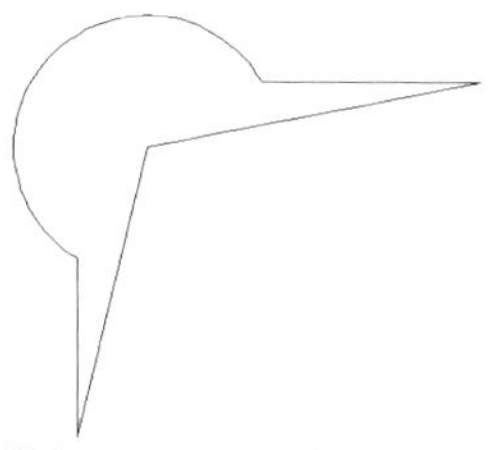

Weitere zu stutzende Objekte wählen

FUNKTION

- Entfernt bis zu einer bestimmten Schnittkante ausge-wählte Geometrieenden oder links und rechts daneben

TASTATURBEFEHL

- [STUTZEN]

OPTIONEN

- [Zaun]: Entfernt alle Geometrien bis zum nächsten Schnittpunkt, die von einer zu definierenden virtuellen Geraden (ZAUN) geschnitten werden
- [Kreuzen]: Entfernt gewählte Geometrie bis zum nächsten Schnittpunkt
- [Projektion]: Mit der Befehlsaktivierung werden die aktuellen **Grundeinstellungen** angezeigt > Im 2D-Bereich das aktuelle BKS
- [Kante]: (Modus) > Nicht dehnen
- [Löschen]: Bietet das Löschen von ausgewählter Geometrie an
- [Zurück]: Letzter Befehl (Auswahl) wird zurückgenom-men

4.3.3.11 Stutzen der Parkplatzlinien

Einige Linien im Parkplatzbereich sollten jetzt -/·· **gestutzt** werden. Markieren Sie hierfür den gesamten Parkplatzbereich (ziehen Sie ein Fenster darüber) und entfernen Sie die markierten Linien (B).

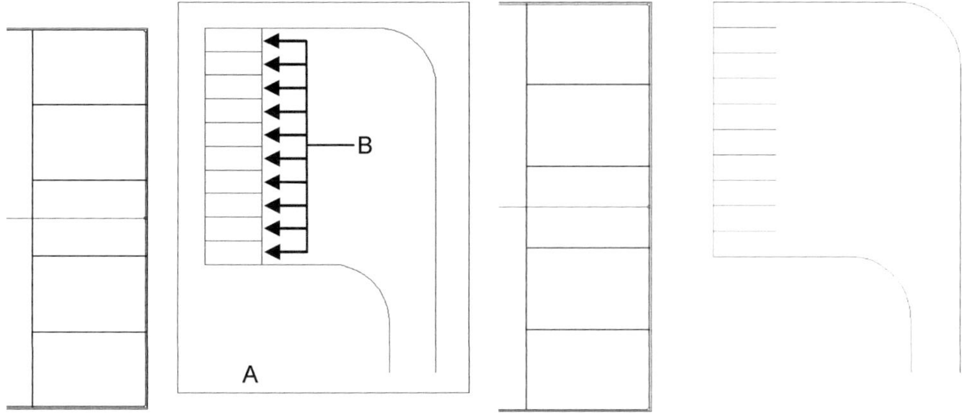

Objekte werden durch Fenster markiert   Objekte wurden gestutzt

- -/- ***Stutzen***
- (Befehlsgruppe: Ändern)
- Ziehen Sie ein Fenster über den markierten Bereich (A)

- [Enter]
- Die zehn markierten Linien nacheinander wählen (10x B)
- [Esc]

HINWEIS: Beim Befehl -/- ***Stutzen*** ist es wichtig, alle am Befehl beteiligten Linien zu markieren! Alternativ können Sie die Tastenkombination [Strg] + [A] verwenden und alle Objekte der Zeichnung markieren.

4.3.3.12   Zeichnen der Hauptstraße

Die Park- und Anlieferbereiche für LKW und PKW wurden bereits erzeugt. Zeichnen Sie ein weiteres ▭ **Rechteck**, was als Straße dienen und beide Parkbereiche miteinander verbinden soll.

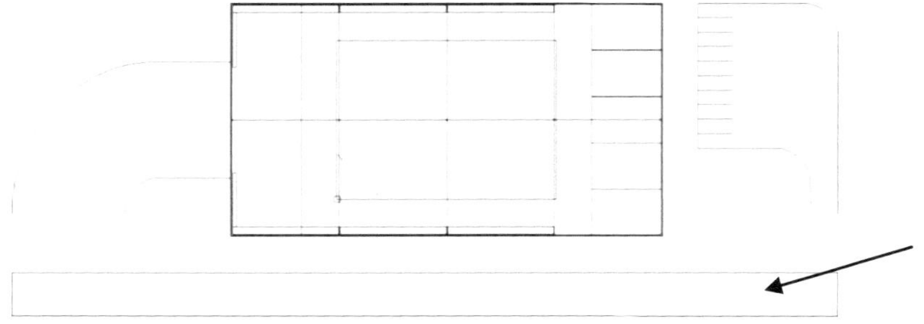

Ein weiteres Rechteck (117300 x 6000) dient als Straße

- □ ***Rechteck***
- Erster Punkt: [-46200] > [Tab] > [-16100]
- [Enter]

- Maus rechts oben ziehen
- Zweiter Punkt: [117300] > [Tab] > [6000]
- [Enter]

4.3.3.13 Befehlsgrundlagen: Dehnen (BG: ÄNDERN)

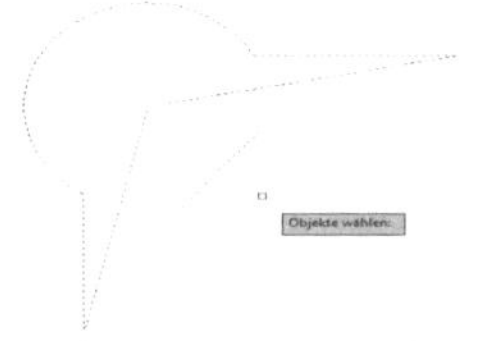

Alle Objekte markieren, welche am Befehl beteiligt sind

Zu dehnendes Objekt an der Seite wählen, an der es gedehnt werden soll

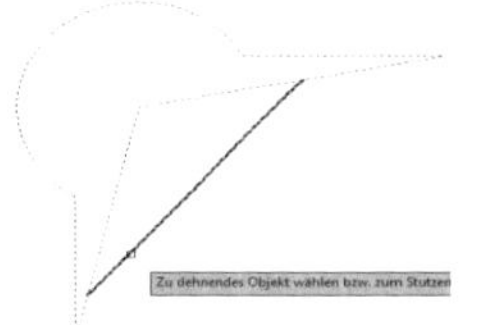

Weitere Objekte wählen, welche gedehnt werden sollen

FUNKTION

- Verlängert ein Objekt bis zum nächsten geometrischen oder einem gewählten Schnittpunkt (Grenzkante)

TASTATURBEFEHL

- [DEHNEN]

OPTIONEN

- [Zaun]: Dehnt das Objekt, das von einer zu definieren-den virtuellen Geraden (ZAUN) geschnitten wird
- [Kreuzen]: Dehnt das Objekt, das von einem Auswahl-fenster erfasst wird
- [Projektion]: Mit der Befehlsaktivierung werden die aktuellen ***Grundeinstellungen*** angezeigt > Im 2D-Bereich das aktuelle BKS
- [Kante]: für einen virtuellen Schnittpunkt <DEHNEN> wählen (voreingestellt: nicht dehnen)
- [Zurück]: Letzter Befehl wird zurückgenommen

4.3.3.14 Hauptstraße mit LKW- und PKW-Parkplätzen verbinden

Linien können gestutzt, aber auch verlängert werden. Verwenden Sie den Befehl ‒·/ ***Deh-nen***, um die vier Polylinien (A) bis zum Rechteck (B) zu verlängern. Auch bei diesem Befehl ist es wichtig, alle vom Befehl betroffenen Linien zu markieren.

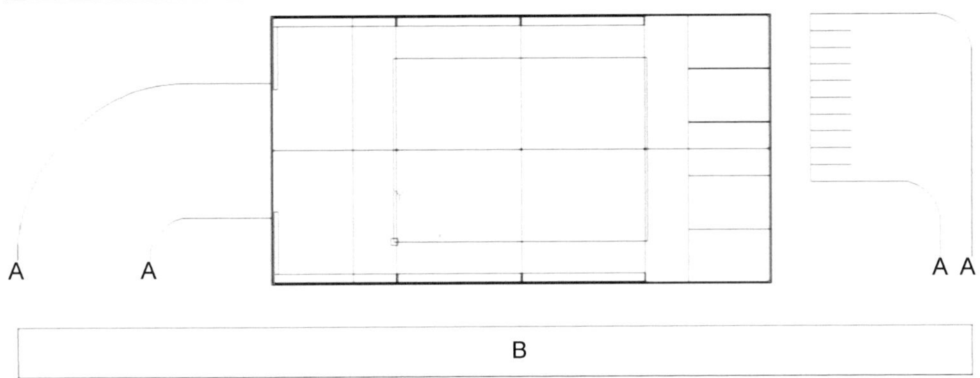

Mittels Befehl **Dehnen**, werden die vier Polylinien bis zum Rechteck verlängert

- *Dehnen*
- (Befehlsgruppe: Ändern)
- Die vier Polylinien und das Rechteck markieren (4x A, B)

- [Enter]
- Zu dehnende Objekte wählen (4x A)
- [Esc]

> **HINWEIS**: Wenn Sie die zu dehnenden Objekte wählen, ist es wichtig, diese Objekte an der Seite anzuwählen, welche verlängert werden soll. Alternativ: [Strg] + [A].

Stutzen Sie im Anschluss die beiden markierten Liniensegmente (C).

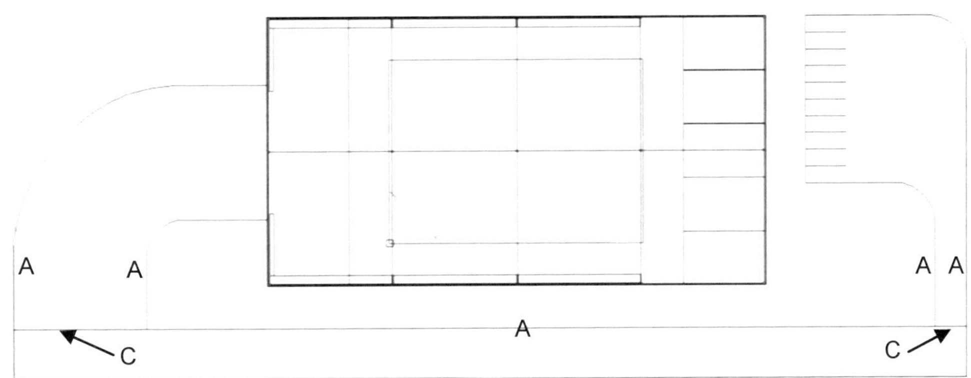

Überflüssige Linien werden gestutzt

- *Stutzen*
- Markierte Objekte wählen (5x A)
- [Enter]

- Zu stutzende Linien wählen (2x C)
- [Esc]

4.3.3.15 Zeichnen zweier Wasserspeicher

Zwei ⊘ **Kreise** sollen die beiden Wassertanks für das Quellwasser kennzeichnen.

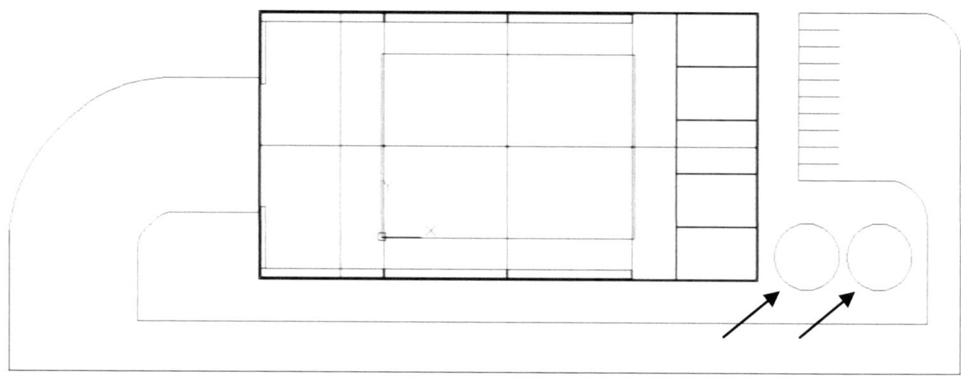

Zeichnen zweier Wasserspeicher

- ⊘ **_Kreis durch Mittelpunkt & Radius_**
- Mittelpunkt: [52100] > [Tab] > [-2100]
- [Enter]
- Radius: [4000]
- [Enter]

- ⊘ **_Kreis durch Mittelpunkt & Radius_**
- Mittelpunkt: [61100] > [Tab] > [-2100]
- [Enter]
- Radius: [4000]
- [Enter]

4.3.3.16 Befehlsgrundlagen: Doppelte Objekte löschen (BG: ÄNDERN)

Kontrolliert die Zeichnung auf übereinander liegende oder sich überlappende Objekte und löscht, bzw. verbindet diese miteinander. Zeichnungen können so geometrisch bereinigt werden.

TASTATURBEFEHL: [AUFRÄUM]

4.3.3.17 Bereinigen der Zeichnung durch Löschen doppelter Objekte

Während des Zeichnens, wurden einige Linien mehrfach übereinander gezeichnet oder Fragmente gelöschter Linien sind noch vorhanden und sollten gelöscht werden. Hierfür gibt es den Befehl △ *Doppelte Objekte löschen*. Achten Sie darauf, den Layer *Fabrikhalle* vorher zu ⌨ *entsperren*, da dieser von der Reinigung sonst nicht erfasst wird.

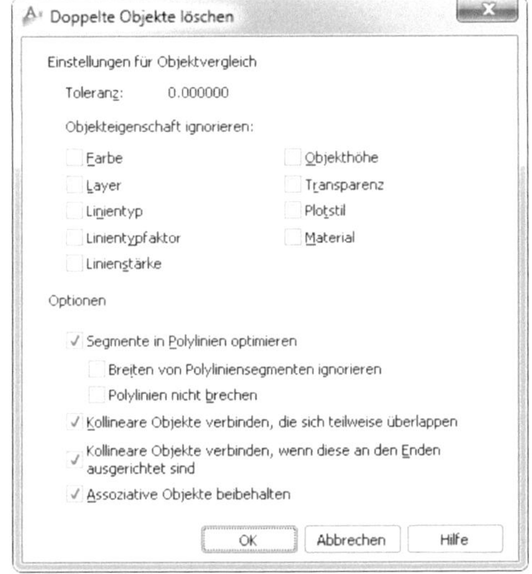

Befehlsoptionen *Doppelte Objekte löschen*

- Layer *Fabrikhalle* ⌨ entsperren

- △ *Doppelte Objekte löschen*
- (Befehlsgruppe: Ändern)
- [Strg] + [A] um alle Elemente der Zeichnung zu markieren > [Enter]
- Einstellungen (links) übernehmen
- OK

4.3.3.18 Befehlsgrundlagen: Bereinigen (Hauptmenü)

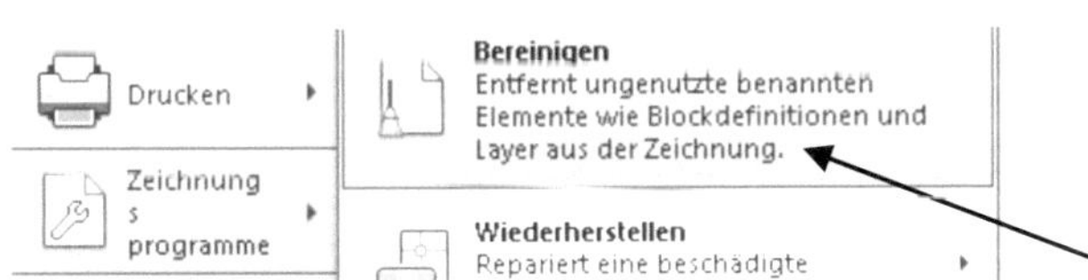

Dieser Befehl bereinigt eine Zeichnung von unbenutzten Blöcken, Layern, Gruppen, Stilen.

4.3.3.19 Bereinigen der Zeichnung durch Löschen unbenutzter Elemente

Eine weitere wichtige Aktion ist das Bereinigen von unbenutzten Blöcken, Layern, Gruppen und Stilen. Der Befehl *Bereinigen*.

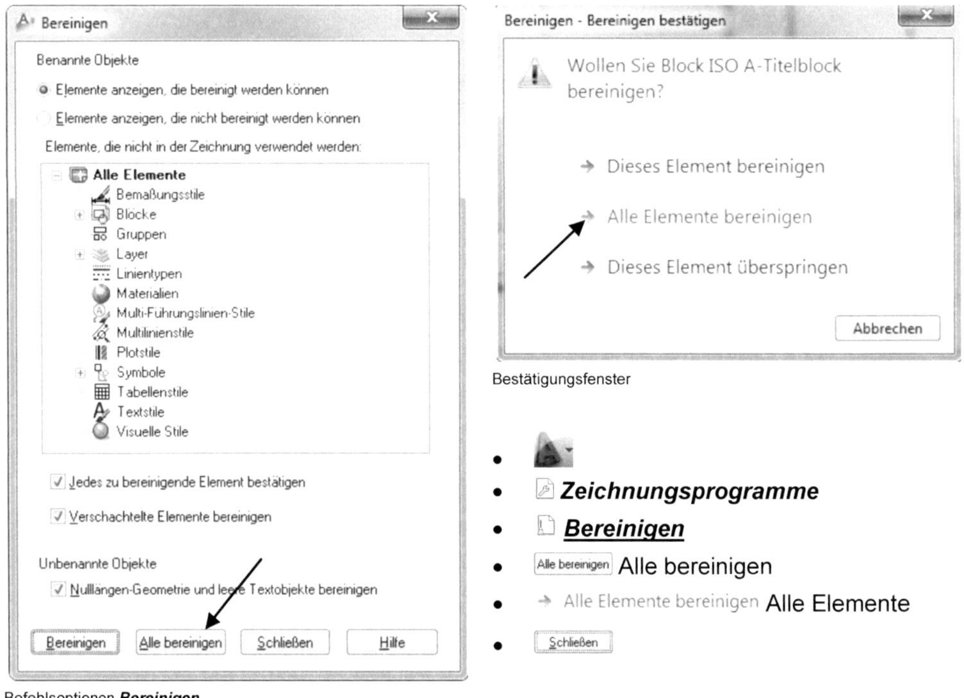

Befehlsoptionen *Bereinigen*

Bestätigungsfenster

-
- *Zeichnungsprogramme*
- *Bereinigen*
- Alle bereinigen Alle bereinigen
- Alle Elemente bereinigen Alle Elemente
- Schließen

HINWEIS: Führen Sie die Befehle *Doppelte Objekte löschen* und *Bereinigen* vor jedem Speichervorgang einer Zeichnung am Ende eines Tages durch.

 Speichern und [x] *schließen* Sie die Datei abschließend.

4.3.3.20 Eine neue Zeichnung für die Gesamtdarstellung erzeugen

Die Basiszeichnungen sind jetzt vollständig, somit kann die Gesamtzeichnung daraus zusammengestellt werden. Erzeugen Sie eine neue Datei und speichern Sie diese als **00_00_Gesamt.dwg** ab.

- **Neu**
- Vorlage: acadiso.dwt
- Öffnen

- **Speichern**
- Dateiname: [00_00_Gesamt]
- Dateityp: *.dwg

4.4 ZEICHNUNG & BESCHRIFTUNG > Register: EINFÜGEN
4.4.1 Befehlsgruppe: REFERENZ

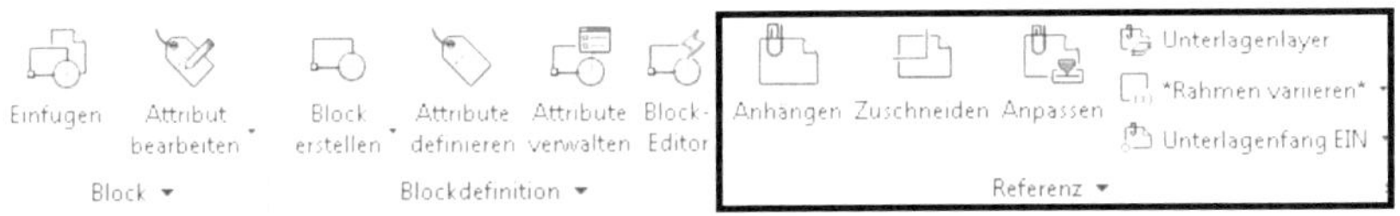

Neben der Möglichkeit Zeichnungen oder Objekte als Blöcke in eine Zeichnung einzufügen, können Objekte als **Referenzen** dargestellt werden (Register **Einfügen**). Referenzdateien (z. B. externe DWG-Dateien) werden in Zeichnungen dargestellt, sind darin allerdings nur optisch vorhanden. Die eigentliche (physische) Datei liegt extern. So kann die Speichergröße einer sehr komplexen Zeichnung gering gehalten werden. Das Arbeiten mit Referenzen kann mit dem Arbeiten von Bauteilen und Baugruppen in anderen Programmen verglichen werden.

4.4.1.1 Befehlsgrundlagen: Anhängen

Fügt in die aktuelle Zeichnung eine Referenzdatei ein (RXEF, Bild, DWF, DWFX, PDF, DGN). Einfügepunkt, Skalierung, Drehung und Pfadtyp können geändert, Referenzdateien eingefügt oder eingebettet werden.

TASTATURBEFEHL: [EXTERNREF]

4.4.1.2   Zeichnung: Produktionslinie als Referenzen einfügen

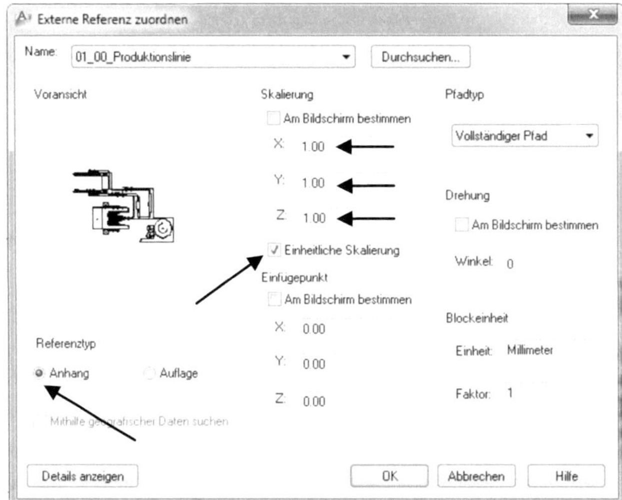

Befehlsfenster *Externe Referenzen zuordnen*

In der Gesamtzeichnung sollen alle Basiszeichnungen als **Referenzen** eingefügt werden.

- **_Anhängen_**
- (Reiter: Einfügen > Referenz)
- Dateiname: **_01_00_Produktionslinie_**
- Öffnen
- Optionen übernehmen
- OK

Wiederholen Sie diesen Befehl für die Datei **_02_00_Fabrikhalle_mit_Außenbereich.dwg_**. Achten Sie auf die oben dargestellten Befehlsoptionen. Deaktivieren Sie die Option **_Einfügepunkt: Am Bildschirm bestimmen_**. Der Einfügepunkt, muss dringend mit den Basiskoordinaten (X=0, Y=0, Z=0) voreingestellt sein.

HINWEIS: Verwenden Sie im Anschluss die Ansicht **_Oben_** am **_ViewCube_**, um die eingefügten Dateien in den sichtbaren Bereich zu zoomen.

4.4.1.3   Befehlsgrundlagen: XRef-Fading

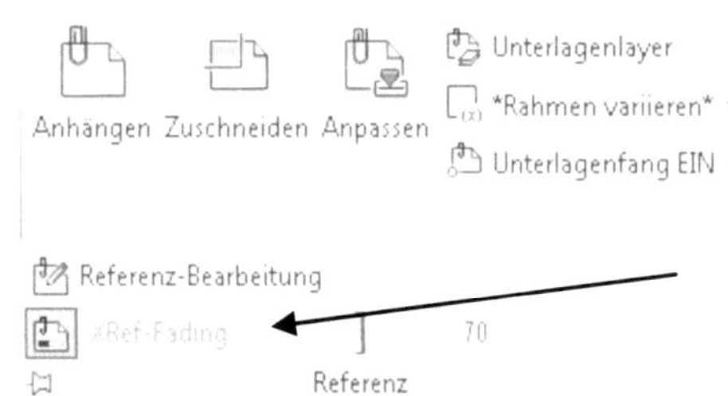

XRef-Fading dient zur Steuerung der Sichtbarkeit von Referenzen. Alle Referenzen einer Zeichnung werden bei aktivierter Option etwas gedimmt. Der Button aktiviert/ deaktiviert die Option, mit dem Schieberegler oder dem Tastatureingabefeld rechts daneben steuern Sie die Intensität.

TASTATURBEFEHL: [XDWGFADECTL]

4.4.1.4 Ändern der Referenz-Intensität

Referenzen werden grundlegend mit einer geringeren Intensität dargestellt, um diese von den in der Zeichnung original vorhandenen Objekten zu unterscheiden. Diese Einstellung kann mit dem folgenden Befehl geändert werden.

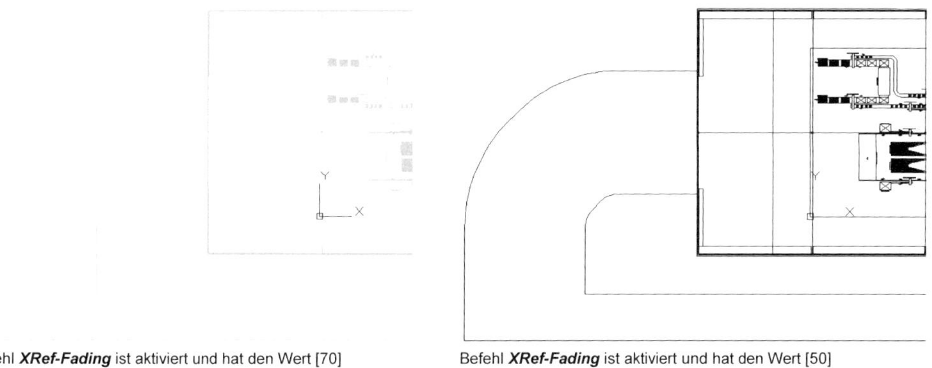

Befehl *XRef-Fading* ist aktiviert und hat den Wert [70]   Befehl *XRef-Fading* ist aktiviert und hat den Wert [50]

Klappen Sie die Befehlsgruppe **Referenzen** auf und ändern Sie den **XRef-Fading**-Wert auf [40]. Verwenden Sie hierfür den Schieberegler oder geben Sie den Wert in den rechts daneben befindlichen Eingabebereich ein (Tastatureingabe).

4.4.1.5 Befehlsgrundlagen: Referenz-Bearbeitung

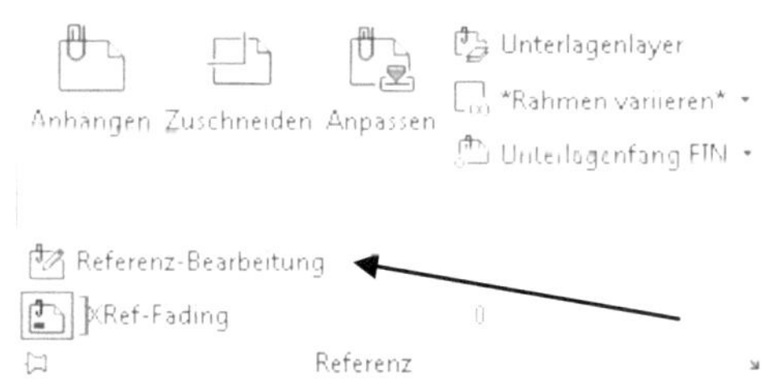

Bearbeitet eine externe Referenzdatei aus der aktuellen Zeichnung heraus, ohne diese öffnen zu müssen. Die restlichen, sich in der Zeichnung befindlichen Referenzen oder Objekte, werden während der Bearbeitung optisch gedimmt.

TASTATURBEFEHL: [REFBEARB]

4.4.1.6 Bearbeiten der der externen Referenz: Fabrikhalle

Die externe Referenz **Fabrikhalle** soll noch etwas bearbeitet werden. Das soll aus der Gesamtzeichnung heraus passieren. Verwenden Sie den Befehl **Referenz-Bearbeitung**.

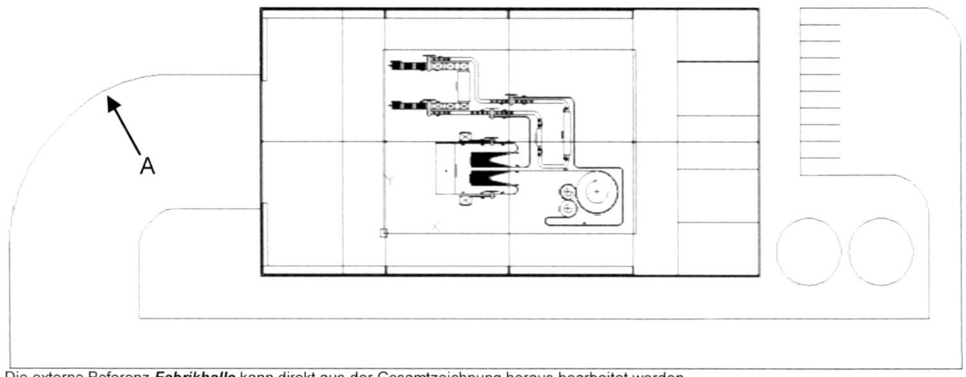

Die externe Referenz *Fabrikhalle* kann direkt aus der Gesamtzeichnung heraus bearbeitet werden

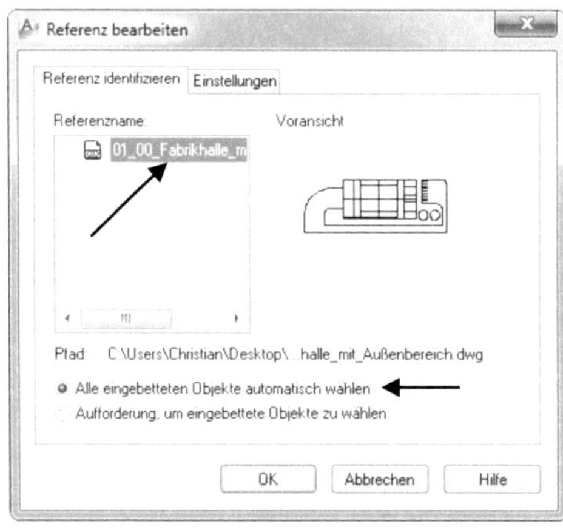

Befehlsfenster *Referenz bearbeiten*

Befehlsgruppe *Referenz-Bearbeitung*

- *Referenz-Bearbeitung*
- (Befehlsgruppe: Referenz)
- Markierte Linie (A) wählen
- OK

Alle Objekte außer der zur Bearbeitung gewählten Referenzdatei, werden jetzt gedimmt dargestellt. Eine neue Befehlsgruppe *Referenz-Bearbeitung* mit den folgend dargestellten Befehlsoptionen öffnet sich.

- Änderungen speichern
- Änderungen verwerfen
- Zu Arbeitssatz hinzufügen
- Aus Arbeitssatz entfernen

HINWEIS: Die beiden letzten Befehle (*Zu Arbeitssatz hinzufügen* und *Aus Arbeitssatz entfernen*), ermöglichen eine differenzierte Bearbeitung der originalen Referenz-Datei und der Darstellung in der aktuellen Zeichnung. Als Arbeitssatz ist hier die Darstellung in der aktuellen Zeichnung zu verstehen. Das Original wird also nicht geändert. Sie erhalten somit eine abgewandelte Kopie in der Zeichnung.

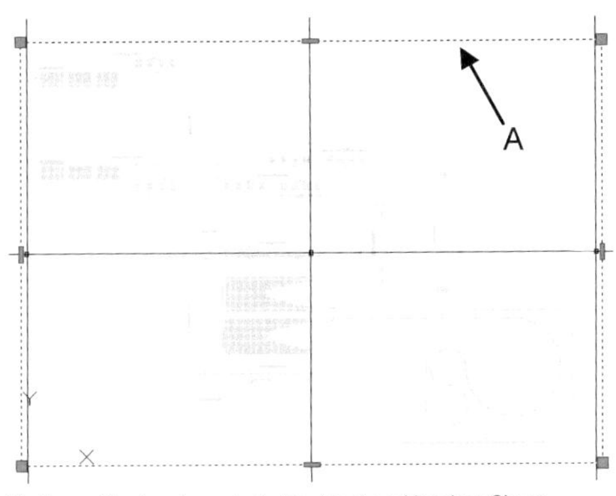

Markieren Sie das dargestellte Rechteck und löschen Sie es

Löschen Sie im folgenden Schritt die markierte Umrandung des Produktionsbereiches (A).

- Rechteck markieren
- [Entf]

Verwenden Sie den Befehl 📷 **Änderungen speichern**, um die Bearbeitung zu beenden und die Änderung auch in die originale Datei zu übertragen.

4.4.1.7   Befehlsgrundlagen: Manager für externe Referenzen

Den ⬙ **Manager für externe Referenzen** öffnen Sie über den kleinen Pfeil in der unteren rechten Ecke der Befehlsgruppe **Referenz**. Er verwaltet vorhandene Referenzen, fügt neue hinzu oder zeigt Informationen darüber an. Im oberen Bereich finden Sie die Optionen:

- 📄 Zuordnen einer neuen Referenz
- 🔄 Aktualisieren der vorhandenen Referenzen
- ❓ Hilfe

Das Feld **Dateireferenzen** zeigt Name, Status, Typ, Datum und Speicherpfad einer Datei. Das Symbol vor jeder Zeile zeigt Ihnen an, ob es sich um die ⬙ **aktuelle Zeichnung** oder eine 📄 **eingefügte Referenz** handelt.

Mit dem rechten Mausklick auf eine der Referenzen, bieten sich weitere Bearbeitungsoptionen.

4.4.1.8 Referenzen über den Manager für externe Referenzen einfügen

Öffnen Sie den ⇘ *Manager für externe Referenzen*. Hier finden Sie alle, der aktuellen Zeichnung zugeordneten Referenzen. Starten Sie den Befehl ⚎ *Zuordnen einer neuen Referenz* und wählen Sie die Referenz *03_00_Fuhrpark.dwg* aus dem Download-Ordner.

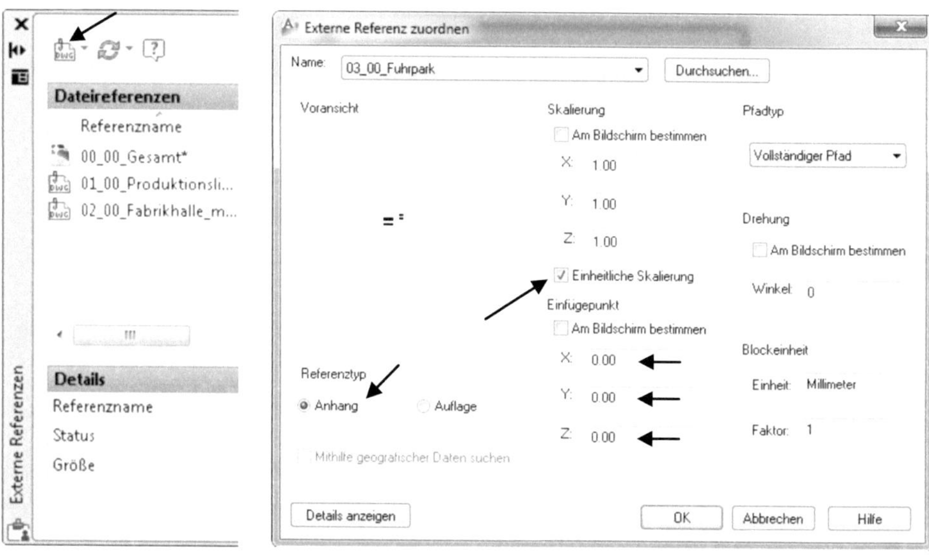

Manager für externe Referenzen   Zuordnen der Referenz *03_00_Fuhrpark.dwg* aus dem Download-Ordner

- ⇘ ***Manager für externe Referenzen***
- ⚎ Zuordnen einer neuen Referenz
- Dateiname: *03_00_Fuhrpark.dwg*
- (Aus Download-Ordner)

- Öffnen
- Optionen (oben) übernehmen
- OK

Wiederholen Sie den Befehl ⇘ *Manager für externe Referenzen* und fügen Sie die Referenz *04_00_Rahmen_und_Schriftfeld_A0.dwg* (Download-Ordner) ein. Die Zeichnung enthält jetzt alle notwendigen Referenzen, um im Anschluss eine druckfertiges Layout erzeugen zu können.

⊟ *Speichern* Sie die Datei und wechseln Sie ins ⏮ ◀ ▶ ⏭ \ Modell ⟩ Layout1 ⟨ Layout2 / *Layout1* (unterhalb des Zeichenbereiches).

5 Zeichnung für Druck aufbereiten (Layoutbereich)

5.1 Allgemeine Grundeinstellungen
5.1.1 Layout umbenennen

Neues Layout

Von Vorlage...

Löschen

Umbenennen

Verschieben oder Kopieren...

Alle Layouts auswählen

Vorheriges Layout aktivieren

Modellregister aktivieren

Seiteneinrichtungs-Manager...

Plotten...

Einrichten der Zeichnungsnorm...

Auswahlmenü der rechten Maustaste auf eines der Layouts

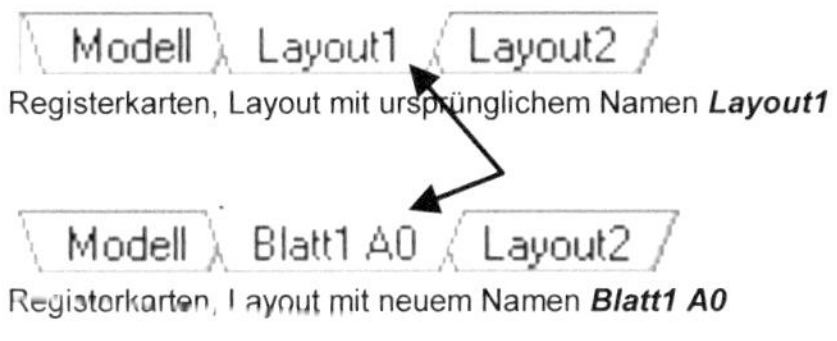

Registerkarten, Layout mit ursprünglichem Namen *Layout1*

Registerkarten, Layout mit neuem Namen *Blatt1 A0*

Eine **AutoCAD**®-Zeichnung besitzt einen Modell- und einen (bzw. mehrere) Layout-bereich(e).

Im Modellbereich haben Sie die gesamte Fabrik gezeichnet. Im Layoutbereich wird aus den Modelldaten ein druckfertiges Ergebnis erzeugt, angepasst auf den vorhandenen Drucker und das gewünschte Blattformat.

Eine Zeichnung kann mehrere Layouts beinhalten. Jedes Layout stellt ein Blatt dar, welches dann auf Papier gebracht werden soll.

Mittels **rechter Maustaste** auf die entsprechende Registerkarte des Layouts (Bilder links), können neue Layouts erzeugt, vorhandene gelöscht, verschoben oder umbenannt werden. Für unser Übungsbeispiel soll das vorhandene **Layout2**, in **Blatt1 A0** umbenannt werden.

- **Rechte Maustaste** auf **Layout1**
- Option: Umbenennen
- Neuer Name: [Blatt1 A0]
- [Enter]

HINWEIS: Alternativ kann der Layoutname, durch **Doppelklick** auf das Register geändert werden.

5.1.2 Der Seiteneinrichtungs-Manager

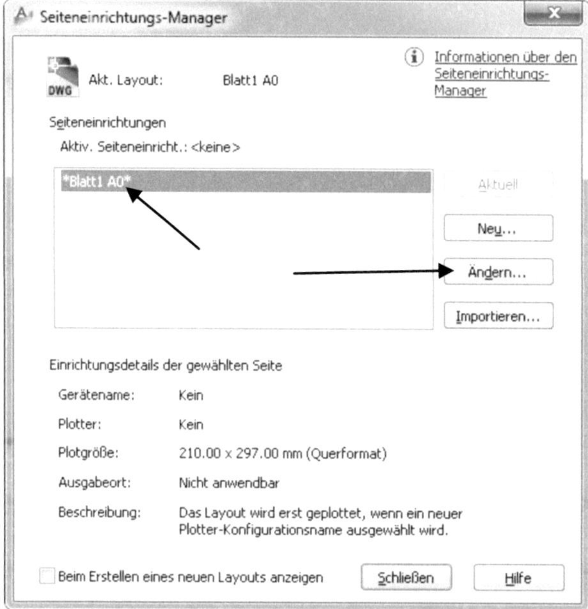

Der **Seiteneinrichtungs-Manager** verwaltet alle Randbedingungen eines Layouts (Papierformat, Drucker, Plottbereich, Plottoptionen, Plottmaßstab und Ausrichtung).

Diese sollten vor jeder Bearbeitung eines neuen Layouts vorgenommen werden, um unnötige Nacharbeiten zu vermeiden.

Bearbeiten Sie die Seiteneinrichtung des Layouts **Blatt1 A0** und übernehmen Sie die folgend dargestellten Optionen.

Der *Seiteneinrichtungs-Manager*

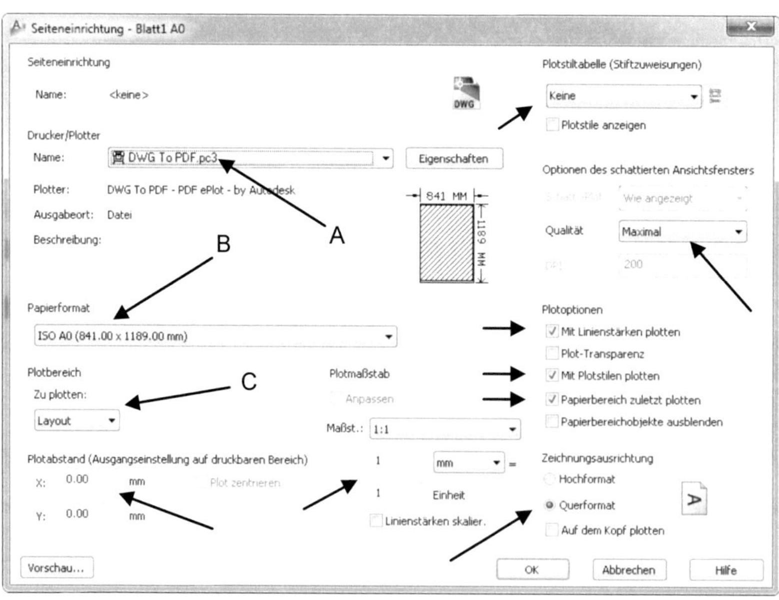

Seiteneinrichtung des Layouts *Blatt1 A0*

- **Rechte Maustaste** auf **Blatt1 A0**
- Option: Seiteneinrichtungs-Manager

- <u>Fenster Seiteneinrichtungs-Manager</u>:
- ***Blatt1 A0*** wählen
- [Ändern…]

- <u>Fenster Seiteneinrichtung</u>:
- Optionen (vorige Seite) übernehmen
- [OK]

- <u>Fenster Seiteneinrichtungs-Manager</u>:
- [Schließen]

5.1.3 Ansichtsfenster und Ansichtsfenstermaßstab
5.1.3.1 Ansichtsfenster einrichten

Um die gewünschten Inhalte aus dem Modellbereich jetzt auch auf den Layoutbereich über-tragen zu können, benötigen wir ein (oder mehrere) Ansichtsfenster. Jedes Standard-Layout beinhaltet bereits ein Ansichtsfenster, so auch unser Layout **Blatt1 A0**.

Die Standard-Papiergröße eines Layouts, richtet sich nach den Einstellungen in der Seiten-einrichtung. Standard ist die die Papiergröße DIN A4. Das bereits enthaltene Ansichtsfens-ter richtet sich nach dieser Standardgröße.

Auch unser bereits umbenanntes Layout enthält ein Ansichtsfenster. Da die Papiergröße geändert wurde (von A4 auf A0), muss die Größe des Ansichtsfensters ebenfalls geändert werden (das wird vom Programm leider nicht automatisch erledigt).

Markieren Sie das vorhandene Ansichtsfenster (einmal auf den Rand des Ansichtsfenster klicken). Jetzt auf den blauen Punkt oben rechts am Ansichtsfenster klicken (einmal kurz), dann an der oberen rechten Ecke des gestrichelten Rechtecks ablegen. Das gestrichelte Fenster stellt den maximalen Druckbereich dar.

Die untere linke Ecke des Ansichtsfensters dann auf die untere linke Ecke des gestrichelten Rechtecks setzen. Beenden Sie die Bearbeitung mit [Esc].

> **_HINWEIS_**: Markieren Sie das Ansichtsfenster nur durch einen einfachen Klick mit der linken Maustaste auf den Rand des Ansichtsfensters. Per Doppelklick gelangen Sie in den Modell-bereich und können den Ansichtsinhalt unbeabsichtigt verschieben oder bearbeiten.

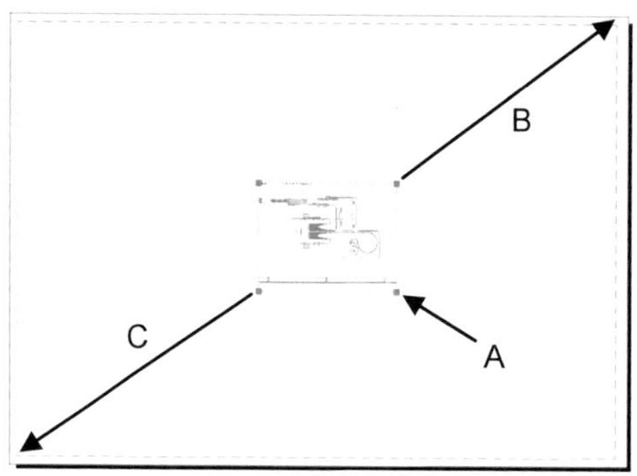

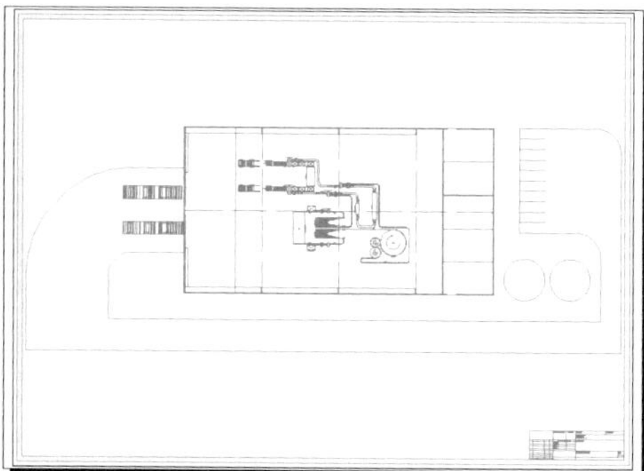

Größe des Zeichblattes wurde geändert, Größe des Ansichtsfensters ist noch zu klein

Größe des Ansichtsfensters wurde angepasst

- Ansichtsfenster am Rand markieren (A)
- Punkt oben rechts (Ansichtsfenster) auf Punkt oben rechts (gestricheltes Rechteck) ablegen (B)

- Punkt unten links (Ansichtsfenster) auf Punkt unten links (gestricheltes Rechteck) ablegen (C)
- [Esc]

Weitere Optionen zum Thema Ansichtsfenster finden Sie im Register **Ansicht**, Befehlsgruppe **Ansichtsfenster**. Neben diversen Formen neuer Fenster, können vorhandene Fenster auch bearbeitet werden. Testen Sie die verschiedenen Möglichkeiten.

5.1.3.2 Ansichtsfenstermaßstab anpassen

Das Ansichtsfenster wurde jetzt grob an das neue Layoutformat angepasst. Inhaltlich wurde die dargestellte Fabrikhalle im Ansichtsfenster ebenfalls vergrößert, besitzt aber einen ungenauen Maßstab. Unsere Darstellung soll allerdings einen korrekten Maßstab erhalten.

Doppelklicken Sie den Rahmen des Ansichtsfensters. Sie gelangen somit in den Bearbeitungsbereich (projizierter Modellbereich). Zentrieren Sie die Ansicht darin im ersten Schritt durch die Option ⬒ **Oben** (**ViewCube**).

Klicken Sie auf den Befehl **Ansichtsfenstermaßstab** (unten rechts im Programm). Wählen Sie die Option **Benutzerdefiniert** > **Hinzufügen** und erzeugen Sie einen neuen Maßstab.

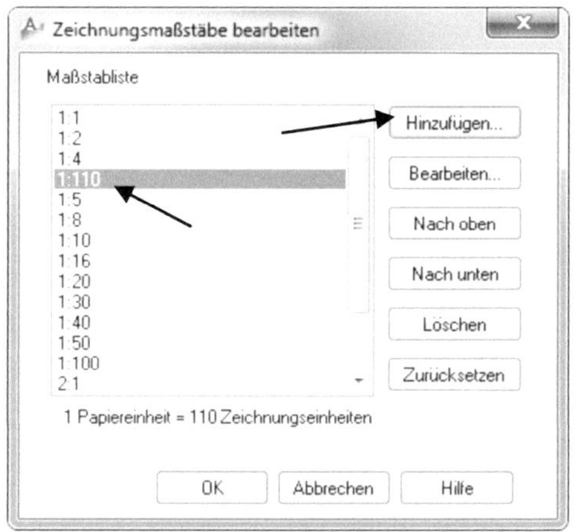 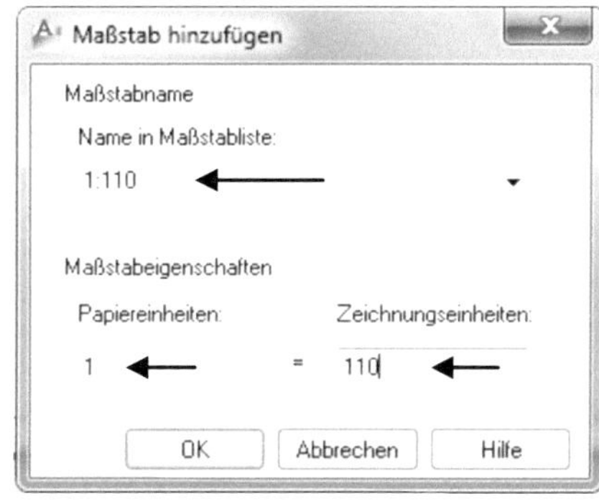

Hinzufügen des Maßstabs [1:110]

Bearbeiten der vorhandenen Zeichnungsmaßstäbe

-  **_Ansichtsfenstermaßstab_**
- Option: Benutzerdefiniert
- **Hinzufügen...** Hinzufügen
- Name in Maßstabsliste: [1:110]
- Papiereinheiten: [1]

- Zeichnungseinheiten: [110]
- **OK**

- **_Ansichtsfenstermaßstab_**
- 1:110 aktivieren

Doppelklicken Sie anschließend auf einen beliebigen Punkt außerhalb des Zeichenblattes. Sie verlassen somit den Bearbeitungsmodus des Ansichtsfensters.

HINWEIS: Achten Sie darauf, während der Arbeit mit dem aktivierten Ansichtsfenster **nicht** mit dem Mausrad zu **scrollen**. Sie würden dadurch den Maßstab wieder ändern.

5.1.4 Zeichnung beschriften
5.1.4.1 Erzeugen des Layers: Beschriftung

Um das Layout anschließend mit verschiedenen Beschriftungen versehen zu können, erzeugen Sie einen neuen Layer **Beschriftung**.

S..	Name		E...	Frie...	S...	Farbe		Linientyp	Linienst...
◿	Defpoints		♀	☼	🔓	■	weiß	Continu...	—— Vor...
✓	Beschriftung		♀	☼	🔓	■	250	Continu...	—— Vor...

- 🗏 ***Layereigenschaften***
- ✍ Neuer Layer
- Name: [Beschriftung]

- Farbe: [250]
- Layer ✓ aktivieren
- Layereigenschaften schließen

5.1.4.2 Schriftkopf der Zeichnung mit Textinhalten versehen

In den bereits vorhandenen Zeichnungskopf, sollen im folgenden Schritt einige neue Texte gesetzt werden. Wechseln Sie in das Register **Beschriften** und verwenden Sie den Befehl A **Einzelne Zeile**, um das Schriftfeld wie folgt dargestellt auszufüllen.

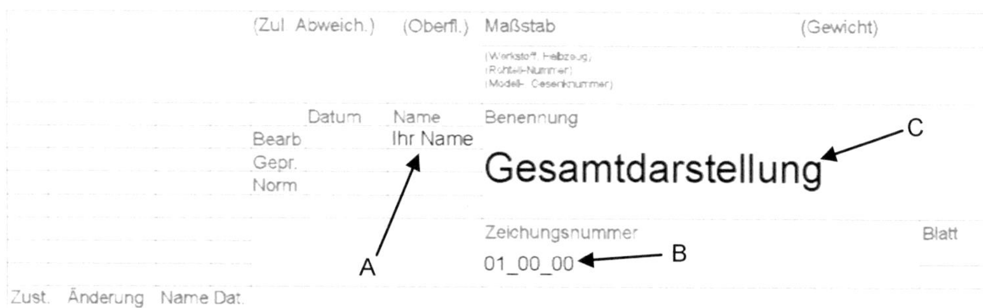

Schriftkopf der Zeichnung mit Textinhalten füllen

- A ***Einzelne Zeile***
- Position für **Name** festlegen (A)
- Höhe: [2.5]
- [Enter]
- Drehwinkel: [0]
- [Enter]
- [Name] eingeben
- [Enter] > [Enter]

- A ***Einzelne Zeile***
- Position für **Zeichnungsnummer** festlegen (B)
- Höhe: [2.5]
- [Enter]

- Drehwinkel: [0]
- [Enter]
- [01_00_00] eingeben
- [Enter] > [Enter]

- A ***Einzelne Zeile***
- Position für **Benennung** festlegen (C)
- Höhe: [5]
- [Enter]
- Drehwinkel: [0]
- [Enter]
- [Gesamtdarstellung] eingeben
- [Enter] > [Enter]

Fügen Sie weitere Beschriftungen wie z. B. im Textfeld **Maßstab** den Wert [1:110] oder im Textfeld **Blatt** den Wert [1] hinzu.

5.1.4.3 Die einzelnen Bereiche beschriften

Fügen Sie den Bereichen der Fabrik jeweils eine Textüberschrift hinzu. Verwenden Sie den Befehl A **Einzelne Zeile** mit einer Schrifthöhe [5] und tragen Sie die folgenden Bezeichnungen ein:

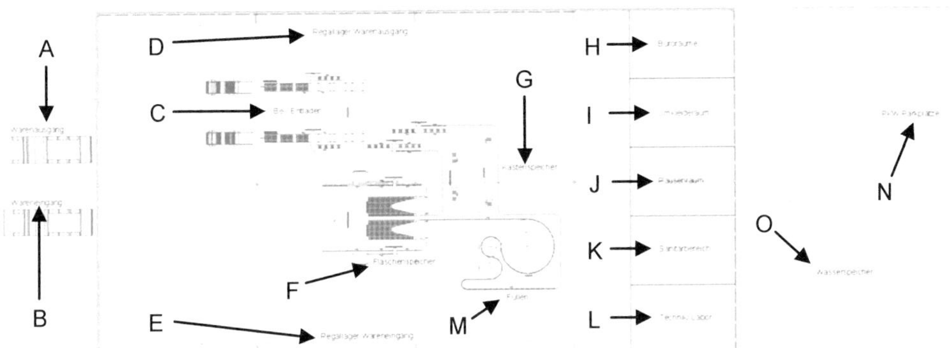

Beschriften der verschiedenen Bereiche

- A) Warenausgang
- B) Wareneingang
- C) Be-/ Entladen
- D) Regallager WA
- E) Regallager WE
- F) Flaschenspeicher
- G) [Kastenspeicher]
- H) [Büroräume]
- I) [Umkleideraum]
- J) [Pausenraum]
- K) [Sanitärbereich]
- L) [Technik/ Labor]
- M) [Füllen]
- N) [PKW-Parkplätze]
- O) [Wasserspeicher]

Wiederholen Sie den Befehl A **Einzelne Zeile**. Beschriften Sie weitere Bereiche der Zeichnung (z. B. die einzelnen Regale oder die jeweiligen Maschinen). Verwenden Sie unterschiedliche Schriftgrößen und testen Sie die Winkelfunktion (Drehwinkel).

5.2 ZEICHNUNG & BESCHRIFTUNG > Register: BESCHRIFTEN

Im Register **Beschriften** finden Sie die folgenden Befehlsgruppen zur Beschriftung und Bemaßung von Zeichnungen:

- Text
- Bemaßungen
- Führungslinien
- Tabellen
- Markierung
- Beschriftungs-Skalierung

5.2.1 Befehlsgruppe: BEMASSUNGEN

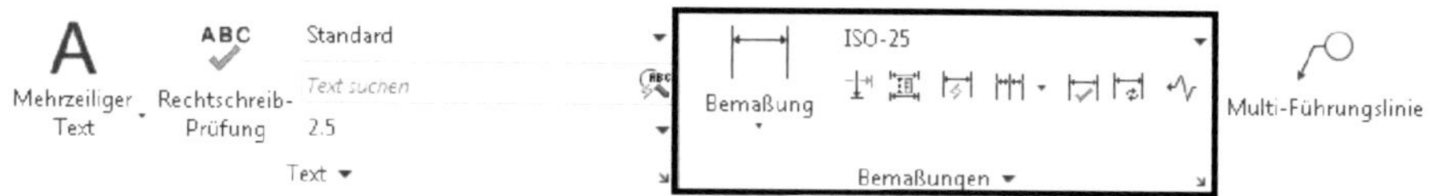

Die Befehlsgruppe **Bemaßungen** enthält eine Sammlung an Bemaßungsbefehlen. Je nach Objekttyp (Linie, Kreis …), können verschiedene Bemaßungen erstellt und bearbeitet werden.

5.2.1.1 Befehlsgrundlagen: Linearbemaßung

Ersten Punkt wählen

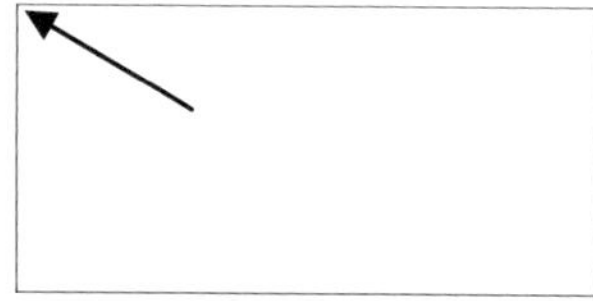

Zweiten Punkt wählen

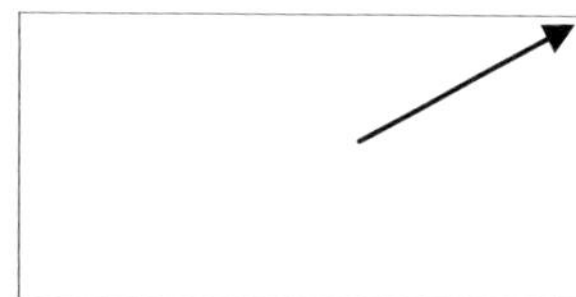

Bemaßung ablegen

FUNKTION

- Erstellt eine lineare Bemaßung zwischen zwei Punkten

TASTATURBEFEHL

- [BEMLINEAR]

OPTIONEN

- [Mtext]: Mehrzeiliger Bemaßungstext
- [Text]: Texteingabe
- [Winkel]: Winkeleingabe für Maßtext
- [Horizontal]: Linearbemaßung horizontal
- [Vertikal]: Linearbemaßung vertikal
- [Drehen]: Linearbemaßung drehen

5.2.1.2 Abstand des ersten beiden Hallenpfeiler bemaßen

Die erste Bemaßung soll den Abstand der ersten beiden Hallenpfeiler (oben links) darstellen. Bemaßt werden soll der Schnittpunkt der gestrichelten Linien mit den Pfeiler-Rechtecken. Verwenden Sie den Befehl ⊢ **Linearbemaßung**.

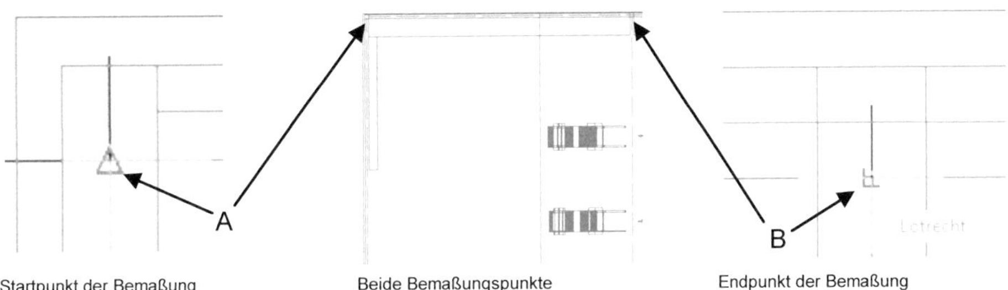

| Startpunkt der Bemaßung | Beide Bemaßungspunkte | Endpunkt der Bemaßung |

Nach der Wahl der Maß-Referenzpunkte den Bemaßungstext dann in etwa wie folgt ablegen.

Linearbemaßung an den ersten beiden Hallenpfeilern (oben links) in der Gesamtdarstellung

- ⊢ **Linearbemaßung**
- Startpunkt der Bemaßung wählen (A)
- Endpunkt der Bemaßung wählen (B)
- Position Maßtext festlegen (C)

HINWEIS: Als Bemaßungsreferenzen (Start- und Endpunkt der Bemaßung) sollen die Schnittstellen der gestrichelten Linien (Referenzlinien der Hallenpfeiler) mit den Rechtecken (Hallenpfeiler) dienen.

5.2.1.3 Befehlsgrundlagen: Weiter bemaßen

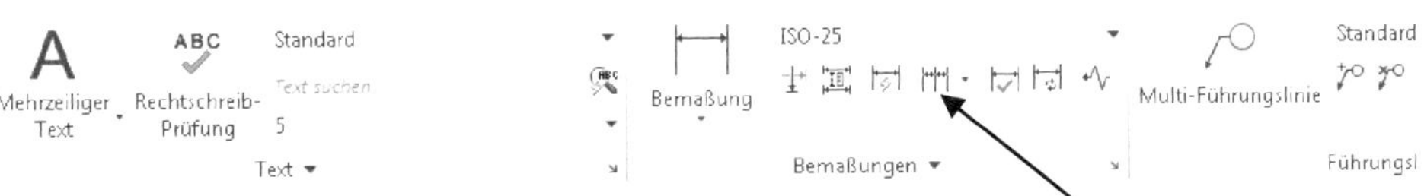

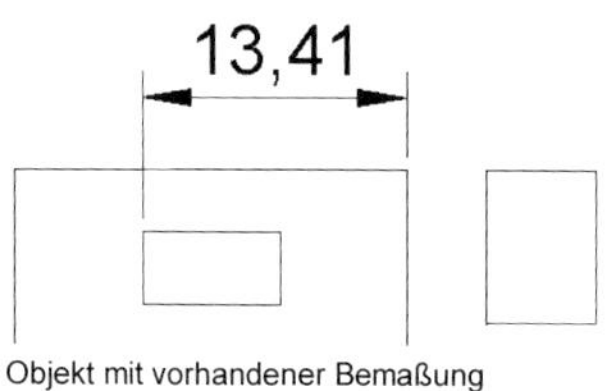

Objekt mit vorhandener Bemaßung

Vorhandene Bemaßung wurde erweitert und
als Kettenbemaßung dargestellt

FUNKTION

- Fügt der zuletzt erzeugten Bemaßung weitere Bemaßungspunkte als Kettenbemaßung hinzu

TASTATURBEFEHL

- [BEMWEITER]

5.2.1.4 Linearbemaßung der ersten beiden Hallenpfeiler fortsetzen

Der Befehl ⊢⊣ **Weiter** ermöglicht es, die zuletzt erzeugte Bemaßung zu erweitern. Hier müssen lediglich weitere Referenzpunkte (Endpunkte) gewählt werden. Startpunkt und Maßposition werden automatisch übernommen. Als Referenzpunkte sind die Schnittstellen der gestrichelten Linien (Referenzlinien der Hallenpfeiler) mit den Rechtecken der Hallenpfeiler zu wählen.

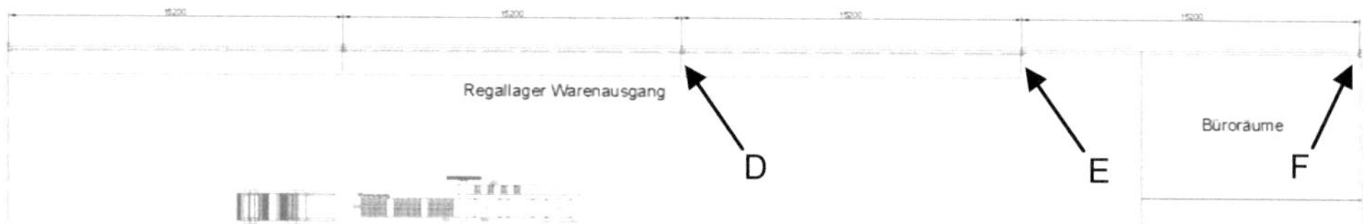

Linearbemaßung wird um die restlichen Hallenpfeiler der oberen Reihe erweitert

- ⊢⊣ **Weiter**
- (Befehlsgruppe: Bemaßungen)
- Referenzpunkt wählen (D)
- Referenzpunkt wählen (E)
- Referenzpunkt wählen (F)
- [Esc]

Erzeugen Sie weitere Linearbemaßungen. Verwenden Sie beliebige Referenzpunkte und testen Sie z. B. den Befehl ⊢ **Basislinie**.

> **HINWEIS**: Der Befehl ⊢⊣ **Weiter** erweitert stets den zuletzt verwendeten Bemaßungsbefehl. Um die Referenzpunkte einer bereits gesetzten Bemaßung neu zu definieren, verwenden Sie den Befehl ⊤⊤ **Erneut verknüpfen**.

5.2.1.5 Befehlsgrundlagen: Radiusbemaßung

Bogen/ Kreis wählen

Bemaßung ablegen

- Erzeugt eine Radiusbemaßung an einem Bogen/ Kreis

- [BEMRADIUS]

- [Mtext]: Mehrzeiliger Bemaßungstext
- [Text]: Texteingabe
- [Winkel]: Winkeleingabe für Maßtext

5.2.1.6 Den ersten Wasserspeicher mit einer Radiusbemaßung versehen

Wasserspeicher

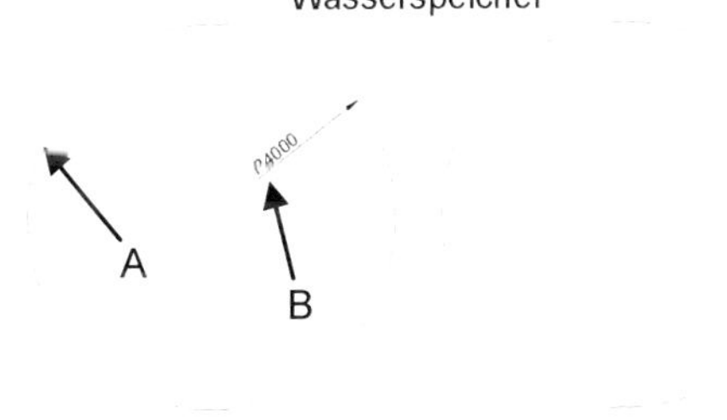

Bemaßen des linken Wasserspeichers (Radiusbemaßung)

Klicken Sie auf das kleine Dreieck unterhalb des Befehls **Bemaßung** und starten Sie den Befehl ☉ **Radiusbemaßung**, um den linken Wasserspeicher zu bemaßen.

- ☉ **_Radiusbemaßung_**
- (Befehlsgruppe: Bemaßungen)
- Linken Wasserspeicher wählen (A)
- Position für Maßtext wählen (B)

5.2.1.7 Befehlsgrundlagen: Durchmesserbemaßung

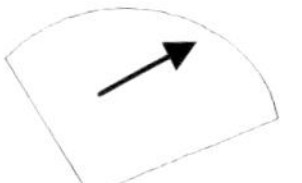

Bogensegment wählen

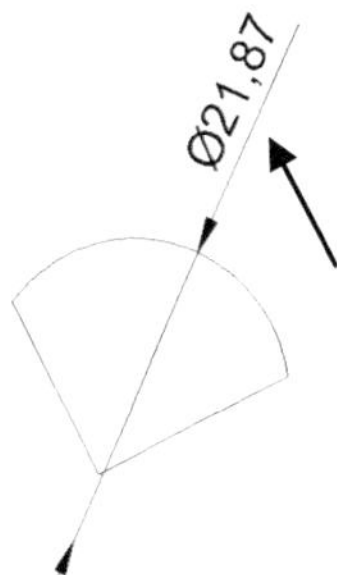

Bemaßung ablegen

FUNKTION

- Erzeugt eine Durchmesserbemaßung an einem Bogen/ Kreis

TASTATURBEFEHL

- [BEMDURCHM]

OPTIONEN

- [Mtext]: Mehrzeiliger Bemaßungstext
- [Text]: Texteingabe
- [Winkel]: Winkeleingabe für Maßtext

5.2.1.8 Den ersten Wasserspeicher mit einer Durchmesserbemaßung versehen

Wasserspeicher

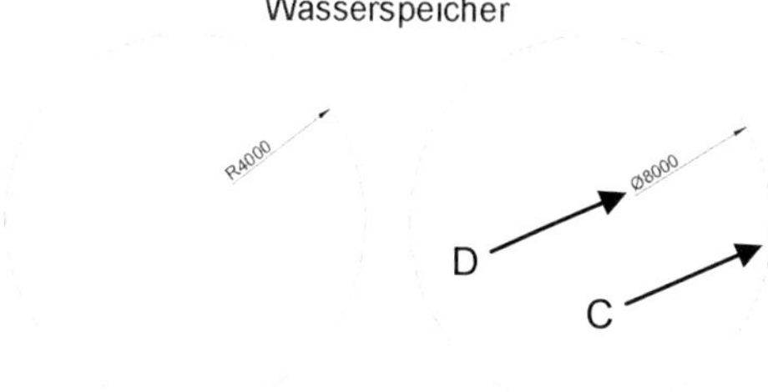

Bemaßen des rechten Wasserspeichers (Durchmesser)

Klicken Sie auf das kleine Dreieck unterhalb des Befehls **Bemaßung** und starten Sie den Befehl ◯ ***Durchmesserbemaßung***.

- ◯ ***Durchmesserbemaßung***
- (Befehlsgruppe: Bemaßungen)
- Rechten Wasserspeicher wählen (C)
- Position für Maßtext wählen (D)

5.2.1.9 Befehlsgrundlagen: Zentrumsmarkierung

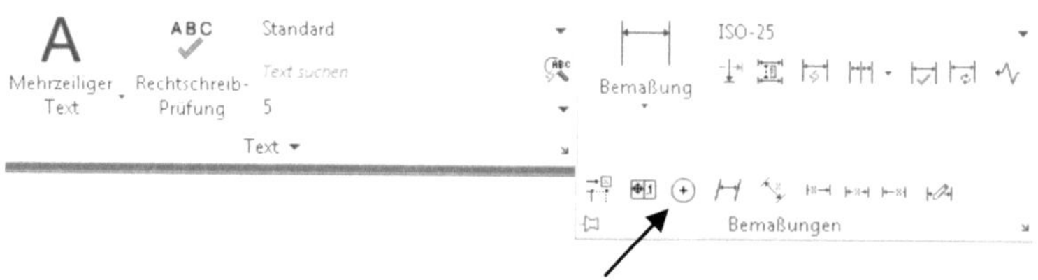

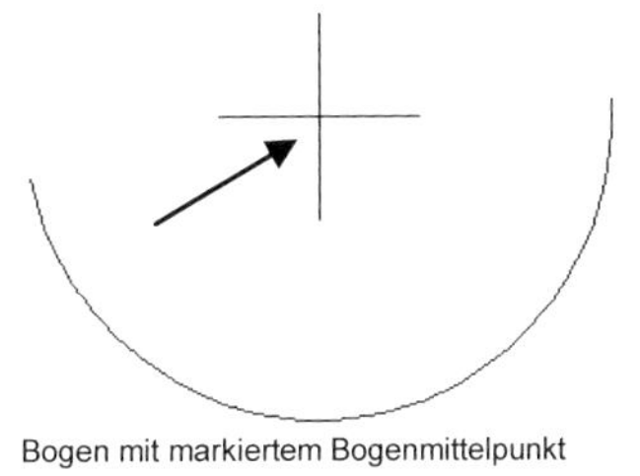

- Fügt einem Bogen/ Kreis eine Mittelpunktmarkierung hinzu

- [BEMMITTELP]

Bogen mit markiertem Bogenmittelpunkt (Zentrum)

5.2.1.10 Zentren der beiden Wasserspeicher markieren

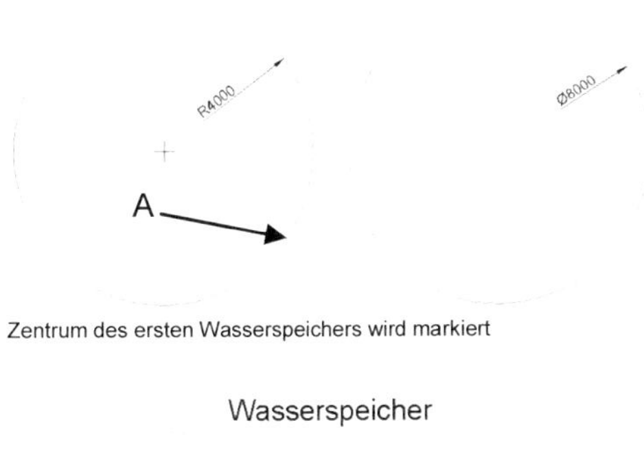

Zentrum des ersten Wasserspeichers wird markiert

Markieren Sie die Zentren der beiden Wasserspeicher mittels Befehl (+) *Zentrumsmarkierung*.

- (+) **Zentrumsmarkierung**
- (Befehlsgruppe: Bemaßungen)
- Ersten Wasserspeicher wählen (A)

- (+) **Zentrumsmarkierung**
- Zweiten Wasserspeicher wählen (B)

Wiederholen Sie die Befehle ○ *Radius-* und, ○ *Durchmesserbemaßung* sowie (+) *Zentrumsmarkierung* bei weiteren Bögen/ Kreisen der Zeichnung.

Zentrum des zweiten Wasserspeichers wird markiert

5.2.2 Befehlsgruppe: FÜHRUNGSLINIEN

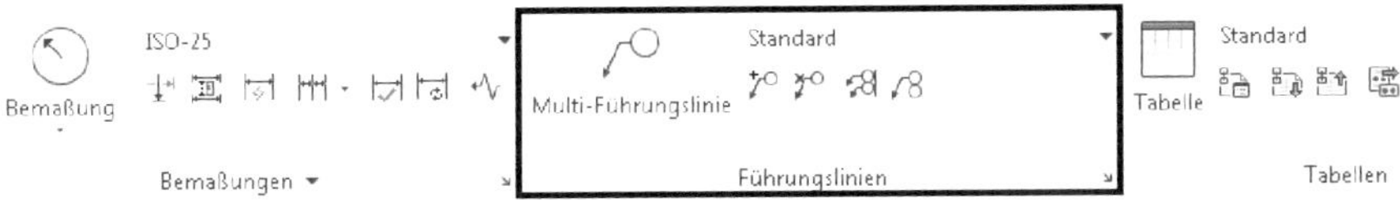

Führungslinien sind Textwerkzeuge, kombiniert mit Linien und Umrandungen. Führungslinien können einzeln oder gruppiert dargestellt werden.

5.2.2.1 Befehlsgrundlagen: Multi-Führungslinie

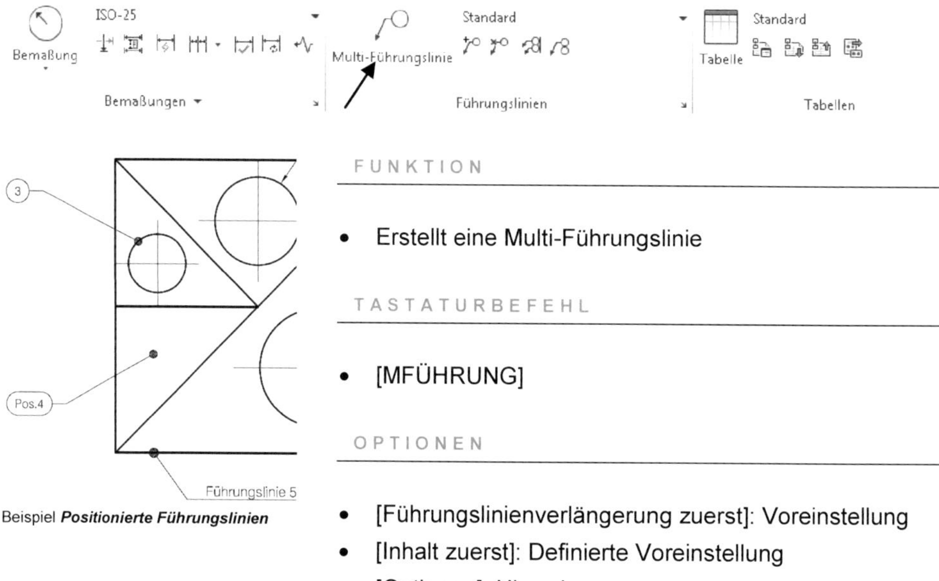

Beispiel **Positionierte Führungslinien**

FUNKTION

- Erstellt eine Multi-Führungslinie

TASTATURBEFEHL

- [MFÜHRUNG]

OPTIONEN

- [Führungslinienverlängerung zuerst]: Voreinstellung
- [Inhalt zuerst]: Definierte Voreinstellung
- [Optionen]: Hinweis

5.2.2.2 Weitere Bereiche durch Führungslinien kennzeichnen

Einige Bereiche der Zeichnung wurden bereits durch einen einfachen Textbefehl gekenn-zeichnet, weitere Bereiche sollen durch ⌐ **Multi-Führungslinien** markiert werden. Füh-rungslinien sind Textwerkzeuge, welche umrandet dargestellt werden (können) und durch eine Führungslinie erweitert sind. Führungslinien können einzeln platziert, gruppiert oder aneinander ausgerichtet werden.

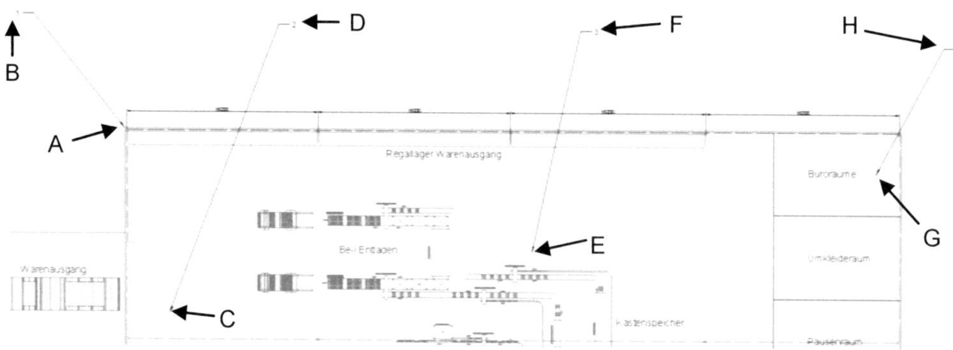

Kennzeichnung weiterer Bereiche durch **Multi-Führungslinien**

- /° ***Multi-Führungslinie***
- (Befehlsgruppe: Führungslinien)
- Startpunkt der Linie bei (A) absetzen
- Textposition bei (B) absetzen
- Im Reiter ***Texteditor***: Texthöhe: [4]
- Ins Textfeld der Führungslinie: [1]
- ✕ Texteditor schließen

- /° ***Multi-Führungslinie***
- (Befehlsgruppe: Führungslinien)
- Startpunkt der Linie bei (C) absetzen
- Textposition bei (D) absetzen
- Im Reiter ***Texteditor***: Texthöhe: [4]
- Ins Textfeld der Führungslinie: [2]
- ✕ Texteditor schließen

- /° ***Multi-Führungslinie***
- (Befehlsgruppe: Führungslinien)
- Startpunkt der Linie bei (E) absetzen
- Textposition bei (F) absetzen
- Im Reiter ***Texteditor***: Texthöhe: [3]
- Ins Textfeld der Führungslinie: [1]
- ✕ Texteditor schließen

- /° ***Multi-Führungslinie***
- (Befehlsgruppe: Führungslinien)
- Startpunkt der Linie bei (G) absetzen
- Textposition bei (H) absetzen
- Im Reiter ***Texteditor***: Texthöhe: [4]
- Ins Textfeld der Führungslinie: [4]
- ✕ Texteditor schließen

HINWEIS: Um den Text einer vorhandenen Führungslinie zu bearbeiten, doppelklicken Sie diesen.

5.2.2.3 Befehlsgrundlagen: Ausrichten

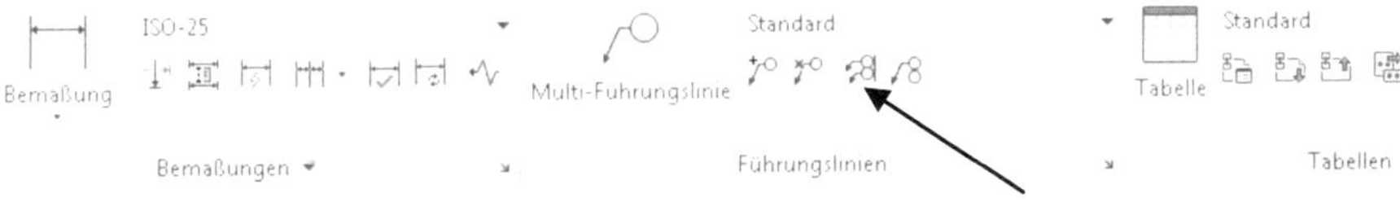

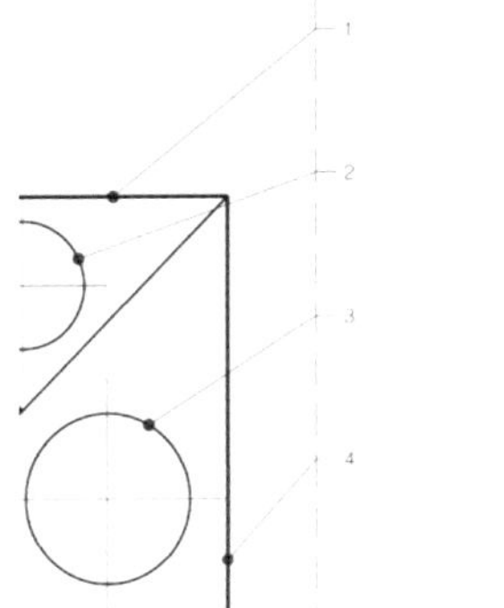
Aneinander ausgerichtete Führungslinien

FUNKTION

- Richtet mehrere Führungslinien aneinander aus

TASTATURBEFEHL

- [MFÜHRAUSR]

OPTIONEN

- [Verteilen]: Gleichmäßiges Verteilen zwischen zwei Punkten (Eingabeaufforderung)

- [Führungsliniensegmente parallel machen]: Ausrichten nach einer gewählten Führungslinie
- [Abstand angeben]: Abstand zwischen Text und Führungslinien definieren
- [Aktuellen Abstand verwenden]: Angabe im Dialogbereich

5.2.2.4 Führungslinien horizontal ausrichten

Die Führungslinien wurden erzeugt, liegen allerdings noch frei im Raum. Um diese aneinander auszurichten, verwenden Sie den Befehl ⌁ **Ausrichten**.

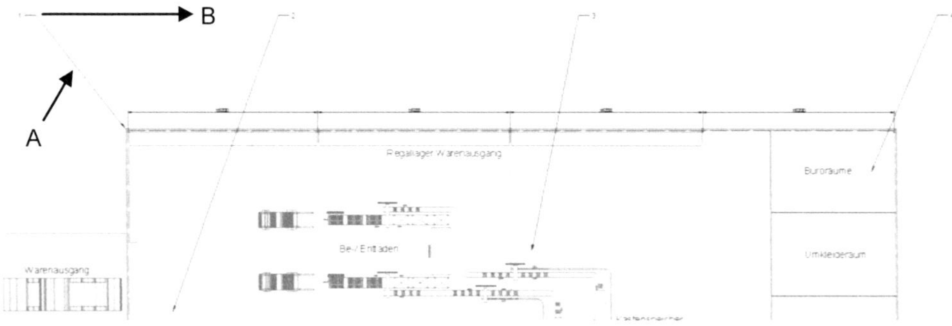

Ausrichten aller Führungslinien an der ersten

- ⌁ **_Ausrichten_**
- (Befehlsgruppe: Führungslinien)
- Die vier Führungslinien markieren
- [Enter]

- Die erste Führungslinie wählen (A)
- Maus (horizontal) etwas nach rechts ziehen (B)
- Mit linker Maustaste bestätigen

HINWEIS: Die Auswahl der ersten Führungslinie (Referenzpunkt), gibt gleichzeitig den Startpunkt einer fiktiven Linie vor, an welcher sich die anderen Linien ausrichten. Um diese Linie exakt horizontal auszurichten, können Sie vorab den ⌐ **_Ortho-Modus_** aktivieren, anschließend wieder deaktivieren.

5.2.2.5 Befehlsgrundlagen: Führungslinie hinzufügen

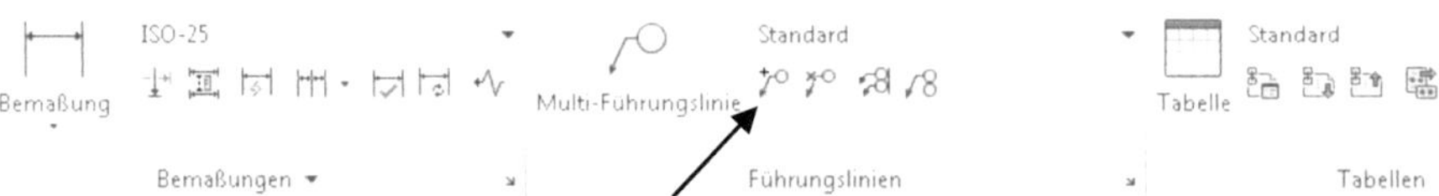

Einfache Führungslinie

Weitere Führungslinien wurden hinzugefügt

- Weitere Führungslinie(n) einer vorhandenen Führungslinie hinzufügen

- [MFÜHRBEARB]

5.2.2.6 Erweitern einer vorhandenen Führungslinie

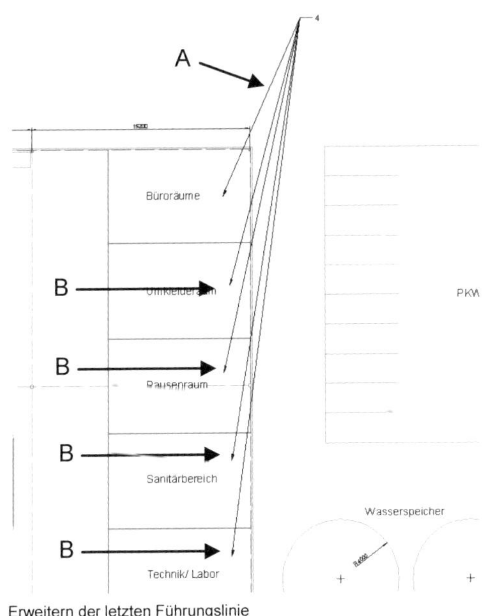

Erweitern der letzten Führungslinie

Führungslinien können aus einer oder mehreren Linien bestehen. Im folgenden Beispiel, soll die Führungslinie mit der Bezeichnung [4] um vier Linien erweitert werden. Verwenden Sie den Befehl ⌁ **Führungslinie hinzufügen**.

- ⌁ ***Führungslinie hinzufügen***
- (Befehlsgruppe: Führungslinien)
- Markierte Führungslinie wählen (A)
- Vier weitere Pfeile an den markierten Positionen ablegen (B)
- [Esc]

Fügen Sie der Zeichnung weitere Führungslinien hinzu, erweitern und löschen Sie Linien. Verwenden Sie den Befehl ⌁ **Sammeln**, um mehrere Führungslinien zu einer zusammenzufügen.

HINWEIS: Um erweiterte Führungslinien wieder zu entfernen, verwenden Sie den Befehl ⌁ **Führungslinie löschen**.

5.2.3 Befehlsgruppe: TABELLEN

Mit der Befehlsgruppe **Tabellen**, können leere Tabellen erzeugt und beschriftet oder ein Datenaustausch mit einer externen Datenquelle hergestellt werden.

5.2.3.1 Befehlsgrundlagen: Tabelle

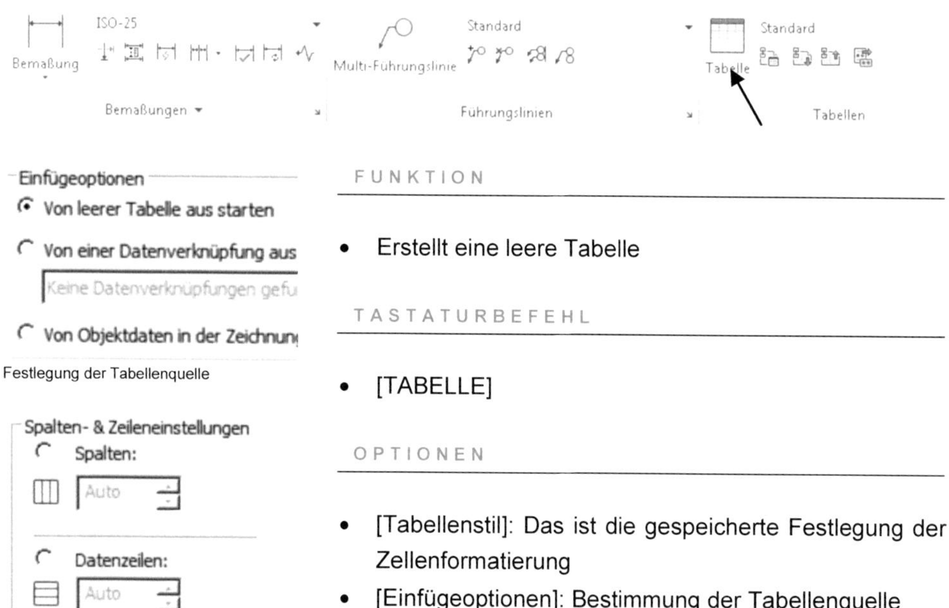

Einfügeoptionen

- Von leerer Tabelle aus starten
- Von einer Datenverknüpfung aus

  Keine Datenverknüpfungen gefu

- Von Objektdaten in der Zeichnun

Festlegung der Tabellenquelle

Spalten- & Zeileneinstellungen

- Spalten:

  Auto

- Datenzeilen:

  Auto

Voreinstellung der Zeilen- und Spaltenanzahl

FUNKTION

- Erstellt eine leere Tabelle

TASTATURBEFEHL

- [TABELLE]

OPTIONEN

- [Tabellenstil]: Das ist die gespeicherte Festlegung der Zellenformatierung
- [Einfügeoptionen]: Bestimmung der Tabellenquelle
- [Einfügeverhalten]: Platzierungsfestlegung
- [Spalten- und Zeileneinstellungen]: Größe und Anzahl der Zellen vordefinieren
- [Zellenstile festlegen]: Grundeinstellung der Zellen

5.2.3.2 Einfügen einer tabellarischen Legende

Zu den soeben erzeugten Führungslinien soll in der nächsten Übung eine Tabelle erzeugt werden. Die Tabelle wird vorerst als leere **Tabelle** erzeugt.

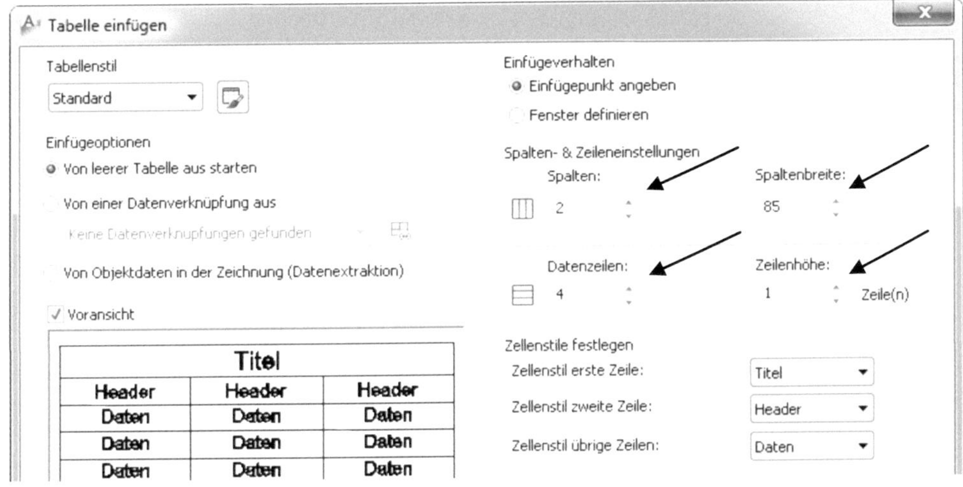

Befehlsoptionen *Tabelle einfügen*

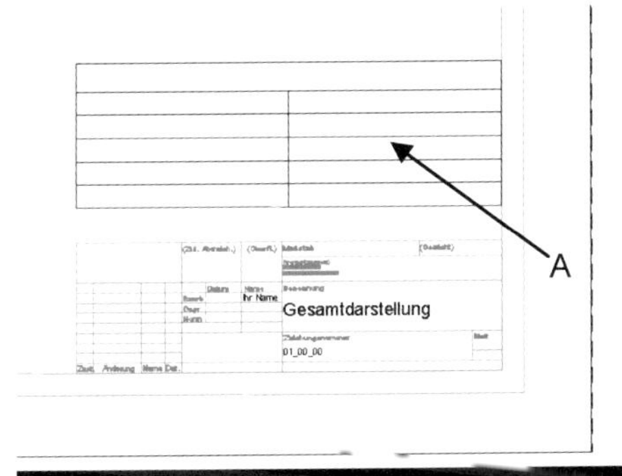

- ✍ ***Tabelle***
- (Befehlsgruppe: Tabellen)
- Optionen wie dargestellt übernehmen
- Spalten: [2]
- Spaltenbreite: [85]
- Datenzeilen: [4]
- Zeilenhöhe: [1]
- [OK]

Legen Sie die Tabelle oberhalb des Zeichnungsschriftfeldes ab (A) und beenden Sie die Bearbeitung mit [Esc].

HINWEIS: Verwenden Sie den Befehl ✛ ***Verschieben*** (Register ***Start***, Befehlsgruppe ***Einfügen***), um die Tabelle in die richtige Position zu bringen (A).

5.2.3.3 Tabelle formatieren und mit Textinhalten füllen

	A	B
1		Legende
2		
3	1	Fabrikhalle
4	2	Warenein/ -ausgang
5	3	Produktionslinie
6	4	Sozialtrakt

Tabelle mit Textinhalten

Sobald Sie (einmal kurz) mit der linken Maustaste auf den Innenbereich einer Tabellenzelle klicken, öffnet sich das Register **Tabellenzeile**. Übernehmen Sie die links dargestellten Texte in Ihre Tabelle.

Verwenden Sie den Zellenstil ⊟ **Mitte zentriert** (Befehlsgruppe **Zellenstile**) für jede Zelle und beenden Sie die Bearbeitung der Tabelle (nach Eingabe der Textinhalte) mit [Esc].

HINWEIS: Zwischen den einzelnen Zellen können Sie (während der Bearbeitung) mit den Pfeiltasten Ihrer Tastatur wechseln.

5.2.4 Befehlsgruppe: TEXT

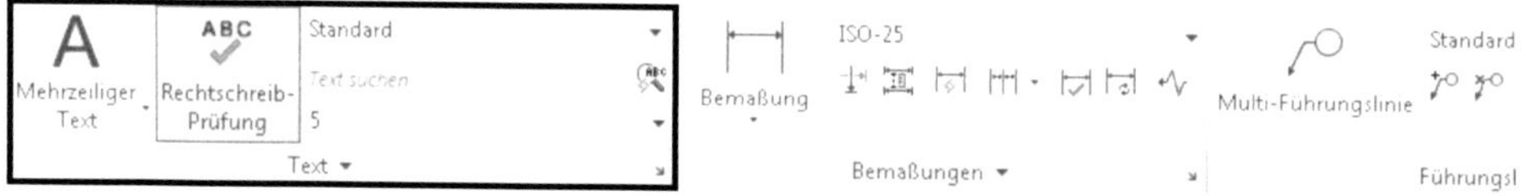

Mit der Befehlsgruppe **Text** können Texte erzeugt, bearbeitet, aneinander ausgerichtet, skaliert oder geprüft werden.

5.2.4.1 Befehlsgrundlagen: Rechtschreibprüfung

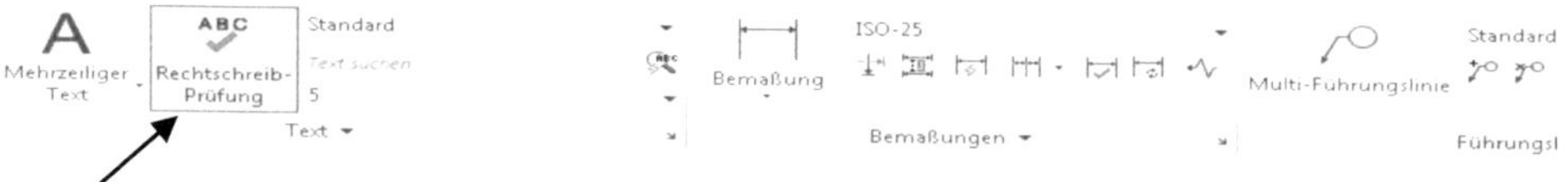

Prüft die Rechtschreibung Ihrer gesamten Zeichnung (oder eines bestimmten Abschnittes) in verschiedenen Sprachen.

TASTATURBEFEHL: [RECHTSCHREIBUNG]

5.2.4.2 Prüfen der gesamten Zeichnung auf Rechtschreibfehler

Wir beenden die Beschriftung der Zeichnung und kontrollieren abschließend die $^{ABC}\!\!\checkmark$
Rechtschreibung.

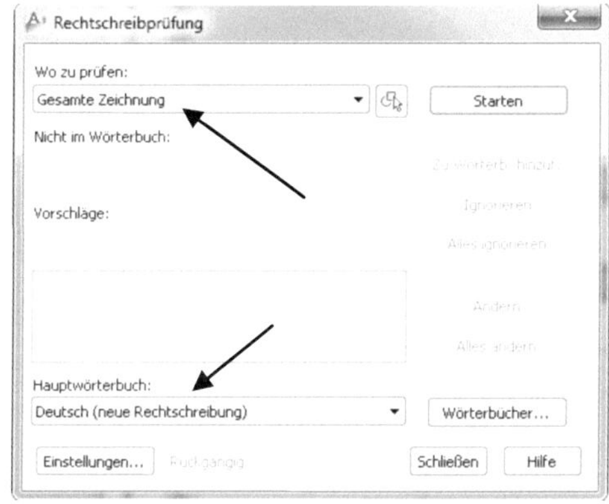

- $^{ABC}\!\!\checkmark$ **_Rechtschreibprüfung_**
- (Befehlsgruppe: Text)
- Wo zu prüfen: Gesamte Zeichnung
- Wörterbuch:
- Deutsch (neue Rechtschreibung)
- Starten

- OK
- Schließen

Befehlsoptionen **_Rechtschreibprüfung_**

5.2.4.3 Drucken der Zeichnung als PDF-Dokument

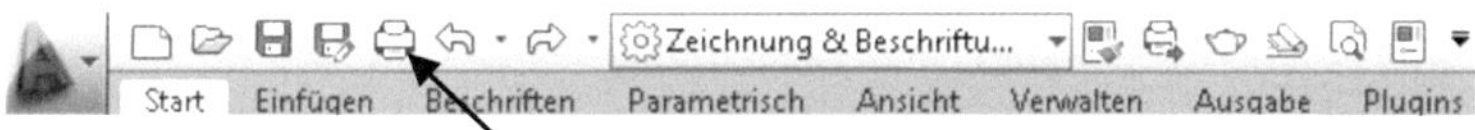

Starten Sie den Befehl 🖨 **_Plot_**. Prüfen Sie noch einmal die korrekten Einstellungen der
Seiteneinrichtung. Als Drucker verwenden wir den PDF-Drucker (DWG To PDF.pc3). Dieser
wird aus dem Layout eine PDF-Datei erzeugen. Prüfen Sie vorab das korrekte Druckbild
über die Vorschau... **_Vorschau_** und starten Sie den 🖨 **_Plot_** (Druck) anschließend.

- 🖨 **_Plot_**
- Korrekte Einstellungen prüfen
- Vorschau... Vorschau
- OK

- Dateiname: [00-00-Gesamt-Blatt1-A0]
- Dateityp: *.pdf
- Speicherort: Ihr Übungsordner
- Speichern

Kontrollieren Sie die PDF-Datei anschließend. Sollten Sie an Ihrem PC einen eigenen (Pa-
pier-) Drucker angeschlossen haben, starten Sie den Befehl 🖨 **_Plot_** erneut. Suchen Sie
aus der Liste (**_Drucker/ Plotter_** > **_Name_**) Ihren Drucker heraus und passen Sie die Druck-
größe der Zeichnung (**_Drucker/ Plotter_** > **_Eigenschaften_**) an diesen Drucker an.

💾 **_Speichern_** und [x] **_schließen_** Sie die Zeichnung anschließend.

6 Fabrikplanung im 3D-Bereich

6.1 Erste Schritte im Bereich 3D-GRUNDLAGEN
6.1.1 Erstellen einer neuen 3D-Gesamtzeichnung

Nachdem die Fabrikplanung im 2D-Bereich fertiggestellt wurde, sollen einfache 3D-Geometrien einen besseren räumlichen Einblick in die Platzverhältnisse der Planung bringen. Erzeugen Sie hierfür eine neue Datei und speichern Sie diese unter **00_00_Gesamt-3D.dwg**.

- ☐ > acadiso.dwt > Öffnen
- **Speichern unter**
- Ihren Arbeitsordner wählen

- Dateiname: [00_00_Gesamt-3D]
- Dateityp: *.dwg

6.1.2 Der Arbeitsbereich: 3D-GRUNDLAGEN

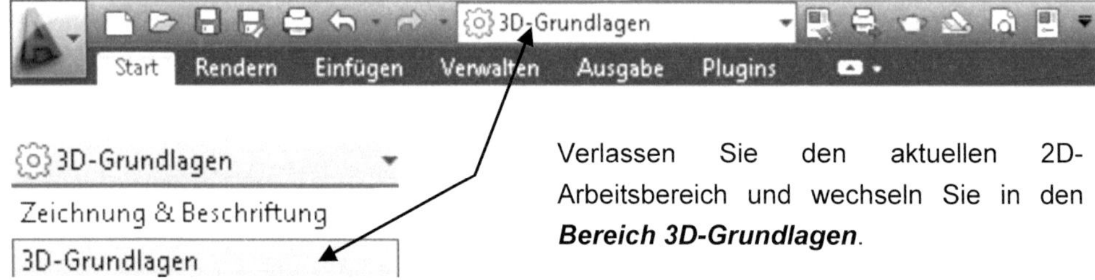

Verlassen Sie den aktuellen 2D-Arbeitsbereich und wechseln Sie in den **Bereich 3D-Grundlagen**.

Neben einigen bereits bekannten Befehlen als dem 2D-Bereich (teilweise in abgewandelter Form), finden Sie neue 3D-Befehle. Die Register im Arbeitsbereich 3D-Grundlagen sind:

- Start
- Rendern
- Einfügen (wie 2D-Bereich)

- Verwalten (wie 2D-Bereich)
- Ausgabe (wie 2D-Bereich)
- Plugins (wie 2D-Bereich)

6.1.2.1 Importieren der Basiszeichnung für die Maschinen der Produktionslinie

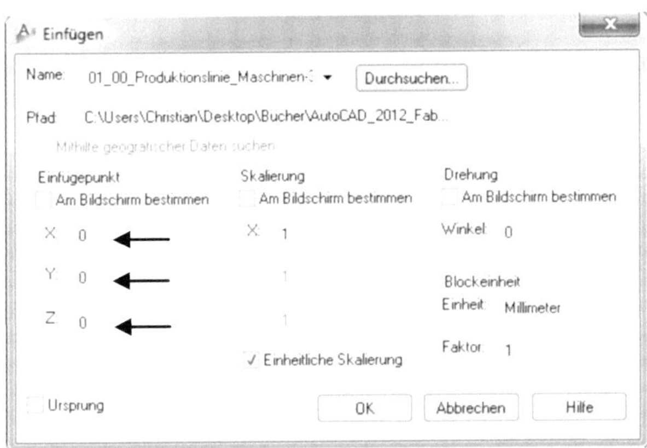

Als Grundlage für die 3D-Planung soll eine bereits vorgefertigte Zeichnung mit enthaltenen vereinfachten 2D-Objekten dienen.

Wechseln Sie in das Register **Einfügen** und importieren Sie die folgende Zeichnung als 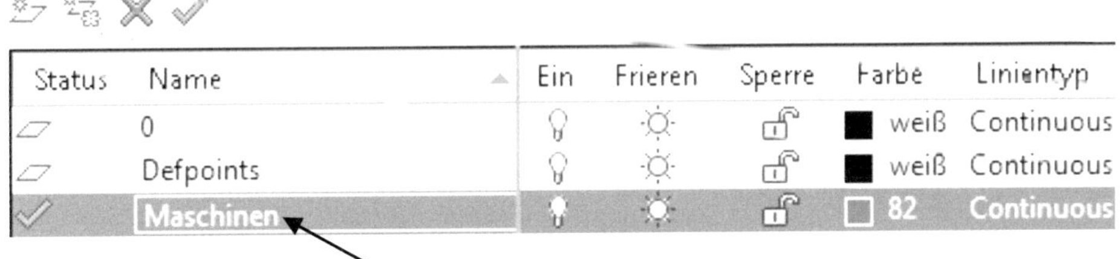 **Block**.

Befehlsoptionen *Einfügen*

- **_Einfügen_**
- `Durchsuchen...`
- (Download-Ordner)
- Dateiname: **_01_00_Produktionslinie_Maschinen-3D.dwg_**
- Restliche Optionen wie dargestellt übernehmen
- `OK`

Wechseln Sie die aktuelle Ansicht durch Anklicken des ⊥ **Haus-Symbols** am **ViewCube**.

Status	Name	Ein	Frieren	Sperre	Farbe	Linientyp
▱	0	♀	☼	🔓	■ weiß	Continuous
▱	Defpoints	♀	☼	🔓	■ weiß	Continuous
✓	Maschinen	♀	☼	🔓	☐ 82	Continuous

Die importierte Datei enthält neben den Basisobjekten einige Layer.

Starten Sie die 📑 **Layereigenschaften** (Register **Start**, Befehlsgruppe **Layer und Ansicht**) und ✓ **aktivieren** Sie den Layer **Maschinen**. Schließen Sie den Manager anschließend wieder.

6.2 3D-GRUNDLAGEN > Register: START
6.2.1 Befehlsgruppe: ERSTELLEN

Die Befehlsgruppe **Erstellen** enthält verschiedene Befehle zur Erzeugung von Basiselementen.

6.2.1.1 Befehlsgrundlagen: Quader

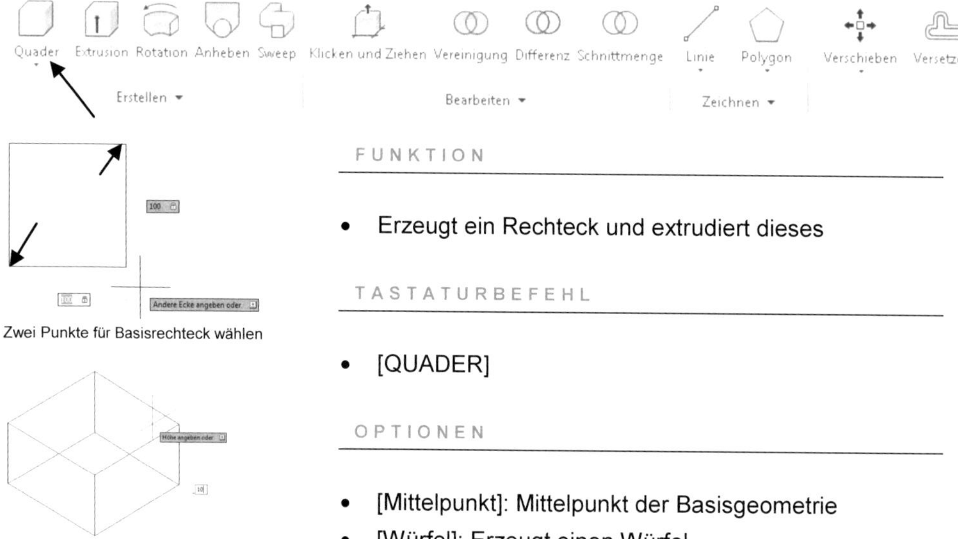

Zwei Punkte für Basisrechteck wählen

Höhe angeben

FUNKTION

- Erzeugt ein Rechteck und extrudiert dieses

TASTATURBEFEHL

- [QUADER]

OPTIONEN

- [Mittelpunkt]: Mittelpunkt der Basisgeometrie
- [Würfel]: Erzeugt einen Würfel
- [Länge]: Erzeugt einen Quader
- [2Punkt]: Höhe gleich Abstand zweier Punkte

6.2.1.2 Erste Maschine als Quader darstellen

Im ersten Schritt soll die Maschine **Kästen auf Paletten heben** gezeichnet werden. Hierfür verwenden wir den Befehl ⬭ **Quader**. Dieser funktioniert ähnlich wie der 2D-Befehl Rechteck, nur dass hier zusätzlich eine Höhe definiert werden kann.

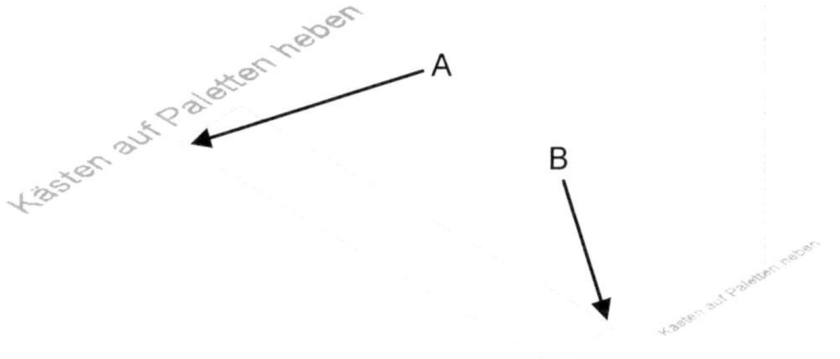

| 2D-Kontur als Basisobjekt | Quader wurde basierend auf 2D-Objekt erzeugt |

- ☐ **_Quader_**
- (Befehlsgruppe: Erstellen)
- Startpunkt Basisrechteck setzen (A)

- Endpunkt Basisrechteck setzen (B)
- Wert für Höhe eingeben: [2500]
- [Enter]

HINWEIS: Ein freies Drehen der Bildschirmansicht, ist bei gedrückter linker Maustaste auf dem **_ViewCube_** oder mit der Kombination der Taste [Shift] und gedrückter mittlerer Maustaste möglich.

6.2.1.3 Weitere Maschinen als Quader darstellen

Wiederholen Sie den Befehl ☐ **_Quader_** für die folgenden Maschinen mit den angegebenen Höhen:

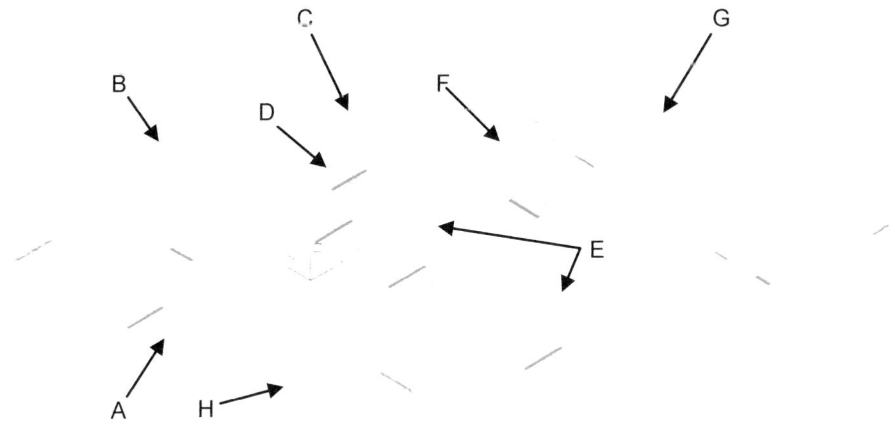

3D-Maschinen mit dem Befehl **_Quader_** erzeugen

Maschinenbezeichnung	**Wert für Höhenangabe**
• Kästen von Paletten heben (A)	[2500]
• Palettenspeicher (B)	[3000]
• Flaschen in Kästen heben (C)	[2500]
• Flaschen aus Kästen heben (D)	[2500]
• Flaschenkontrolle/ Selektion (2 x E)	[2500]
• Kastenwaschmaschine (F)	[3000]
• Kastenspeicher (G)	[5000]
• Flaschenwaschmaschine (H)	[5000]

> **_HINWEIS_**: Achten Sie bei jeder Auswahl der ersten beiden Punkte für das Basisrechteck, zwei diagonal gegenüber liegende Punkte zu wählen.

6.2.1.4 Befehlsgrundlagen: Zylinder

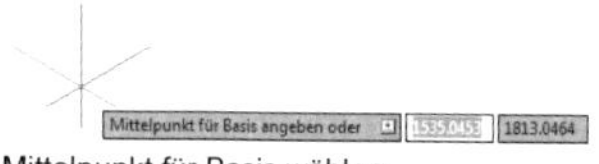

Mittelpunkt für Basis wählen

FUNKTION

• Erzeugt eine(n) Kreis/ Ellipse und extrudiert diese(n)

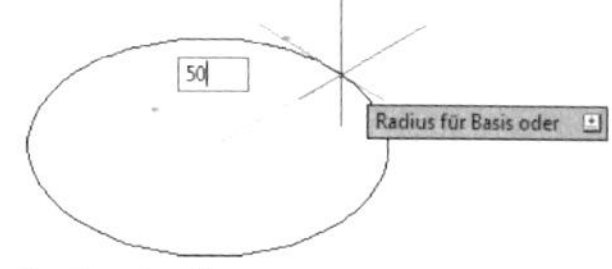

Radius eingeben

TASTATURBEFEHL

• [ZYLINDER]

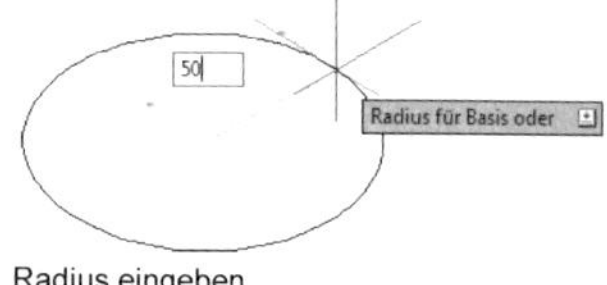

Extrusionshöhe wählen

OPTIONEN

• [3P]: Kreis durch drei Punkte
• [2P]: Kreis durch zwei Punkte
• [Ttr]: Kreis durch drei Tangenten
• [Elliptisch]: Erzeugen einer Ellipse
• [Durchmesser]: Durchmesser- statt Radiusangabe
• [2Punkt]: Höhe gleich Abstand zweier Punkte
• [Achsenendpunkt]: Höhe bis Endpunkt

6.2.1.5 Maschinen als Zylinder darstellen

Im folgenden Schritt soll ein ⬜ **_Zylinder_** den Füller simulieren. Hier muss der Kreismittelpunkt als Startpunkt gewählt werden. Sollten Sie den Kreismittelpunkt nicht auf Anhieb greifen können, fahren Sie mit der Maus vorher noch einmal über den Kreis selbst und anschließend zurück auf den Mittelpunkt.

2D-Kontur als Basisobjekt   Zylinder wurde basierend auf 2D-Objekt erzeugt

- ⬜ **_Zylinder_**
- (Befehlsgruppe: Erstellen)
- Mittelpunkt Flaschenfüller wählen (A)
- Wert für Radius eingeben: [2500]

- [Enter]
- Wert für Höhe eingeben: [4000]
- [Enter]

Die beiden Maschinen **_Etikettierer_** und **_Schließer_** sollen ebenfalls als Zylinder erstellt werden. Vorwenden Sie die folgenden Radien- und Höhenangaben:

Maschinenbezeichnung	**Wert für Radiusangabe**	**Wert für Höhenangabe**
• Etikettierer	[1000]	[2500]
• Schließer	[900]	[2500]

6.2.1.6 Befehlsgrundlagen: Kegel

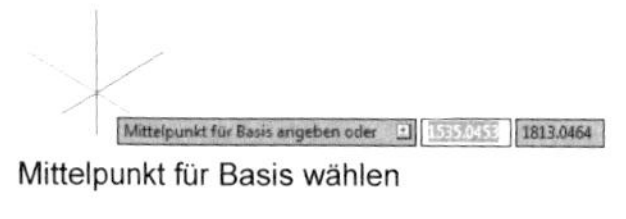

Mittelpunkt für Basis wählen

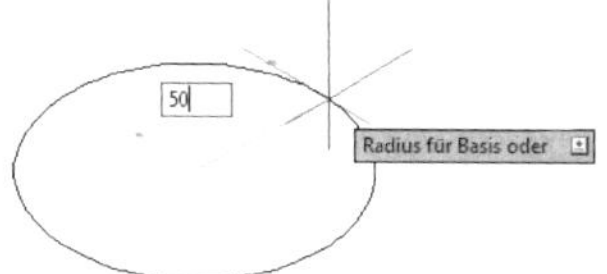

Radius eingeben

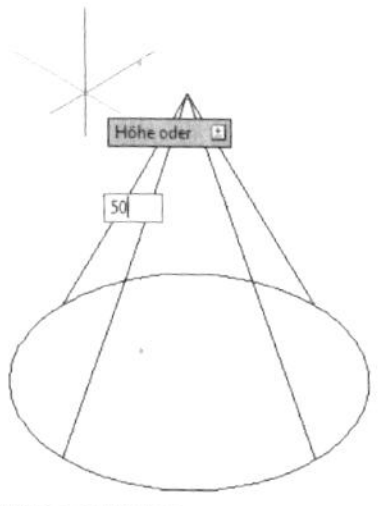

Höhe wählen

- Erzeugt einen Kegel aus einem Kreis oder einer Ellipse

- [KEGEL]

- [3P]: Basis durch drei Punkte
- [2P]: Basis durch zwei Punkte
- [Ttr]: Basis durch zwei Tangenten
- [Elliptisch]: Erzeugen einer Ellipse
- [Durchmesser]: Durchmesser- statt Radiusangabe
- [2Punkt]: Höhe gleich Abstand zweier Punkte
- [Achsenendpunkt]: Höhe bis Endpunkt
- [Oberen Radius]: Kegel wird oben abgerundet

6.2.1.7 Einen Kegel als Dach auf einen vorhandenen Zylinder aufsetzen

Auf die obere Fläche des *Füllers* soll ein △ *Kegel* gesetzt werden.

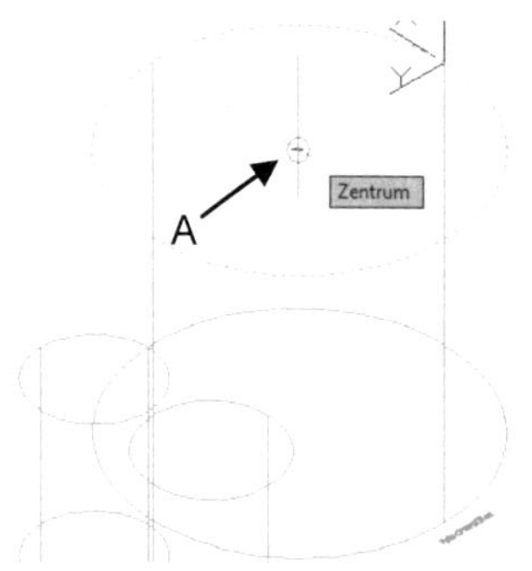

Mittelpunkt auf oberer Kreisfläche für Pyramide wählen

Pyramide wurde oberhalb des Zylinders erzeugt

- △ ***Kegel***
- (Befehlsgruppe: Erstellen)
- Kreismittelpunkt wählen (A)

- Wert für Radius: [2500] > [Enter]
- Wert für Höhe: [500] > [Enter]

6.2.1.8 Befehlsgrundlagen: Kugel

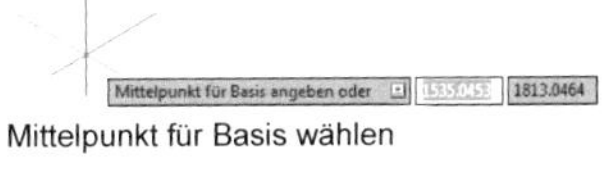

Mittelpunkt für Basis wählen

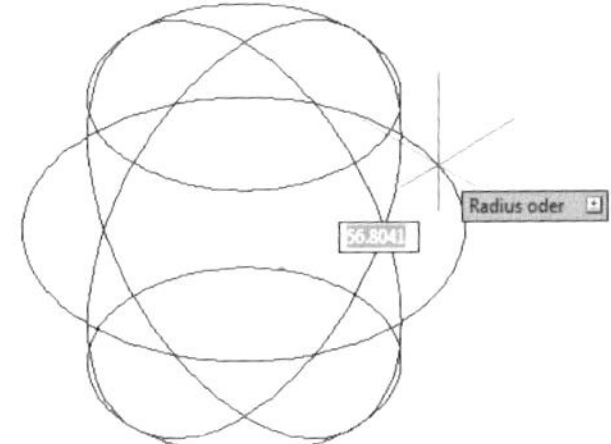

Radius der Kugel wählen

FUNKTION

- Erzeugt eine Kugel

TASTATURBEFEHL

- [KUGEL]

OPTIONEN

- [3P]: Kugel durch drei Punkte
- [2P]: Kugel durch zwei Punkte
- [Ttr]: Kugel durch zwei Tangenten
- [Durchmesser]: Durchmesser- statt Radiusangabe

6.2.1.9 Eine Kugel als Dach auf einen vorhandenen Zylinder aufsetzen

Der **Schließer** soll mit einer zusätzlichen ◯ **Kugel** versehen werden.

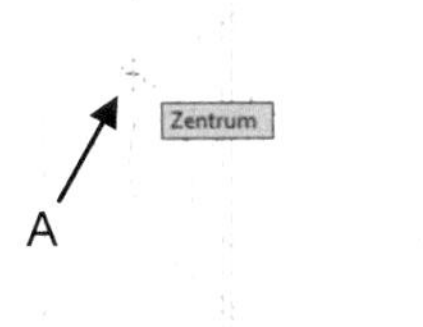

Mittelpunkt auf oberer Kreisfläche für Kugel wählen

Kugel wurde auf dem Zylinder erzeugt

- ◯ **_Kugel_**
- (Befehlsgruppe: Erstellen)

- Markierten Kreismittelpunkt wählen (A)
- Wert für Radius: [900] > [Enter]

Wiederholen Sie diesen Befehl beim **Etikettierer** mit einem Radius von **1000** mm.

6.2.2 Befehlsgruppe: ÄNDERN

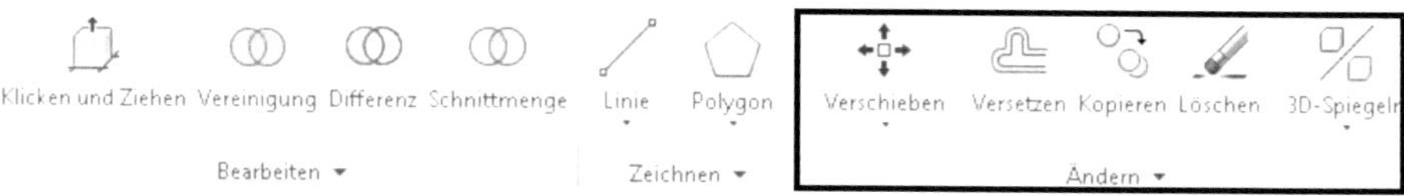

Die Befehlsgruppe **Ändern** enthält Befehle zur Bearbeitung von 3D-Objekten.

6.2.2.1 Befehlsgrundlagen: Kante abrunden

Kanten wählen

Abgerundete Kanten

FUNKTION

- Erzeugt Rundungen an Volumenkörperkanten

TASTATURBEFEHL

- [ABRUNDKANTE]

OPTIONEN

- [Kette]: Mehrere Kanten wählen
- [Radius]: Rundungsradius wählen

6.2.2.2 Abrunden einiger Maschinen

Beim 3D-Rundungsbefehl wird nicht die Ecke zweier sich schneidender Linien, sondern die Kante zweier sich schneidender Flächen gerundet.

In der folgenden Übung sollen die vier Kanten der oberen Fläche des **Palettenspeichers** ⬠ **gerundet** werden.

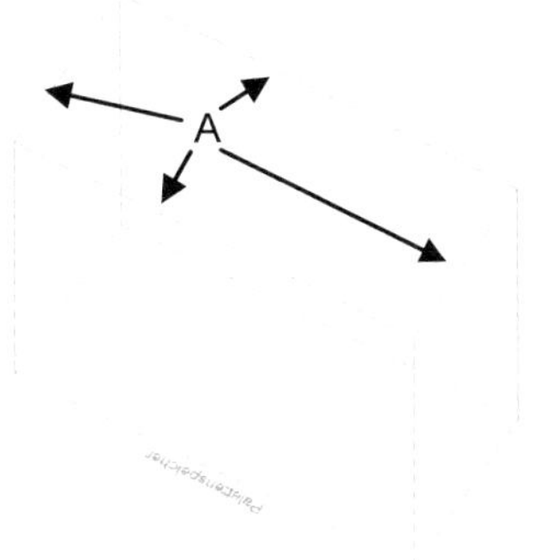

Kanten wählen

Objekt wurde abgerundet

- 🗋 ***Abrunden***
- (Befehlsgruppe: Ändern)
- Zu rundende Kanten wählen (A)

- [Enter]
- Rundungsradius eingeben: [500]
- [Enter] > [Enter]

Wiederholen Sie das Abrunden der oberen 4 Kanten bei den folgenden Maschinen:

Maschinenbezeichnung

Wert für Radiusangabe

- Flaschenwaschmaschine
- Kastenwaschmaschine
- Kastenspeicher

[500]

[200]

[200]

HINWFIS: Bei der Auswahl des zu rundenden Objektes (A) ist darauf zu achten, das Objekt an einer der Kanten zu markieren, welche gerundet werden sollen. Diese Kante wird automatisch als Rundungskante definiert. Die Befehlsdefinition ist hier nicht ganz eindeutig.

6.2.2.3   Befehlsgrundlagen: Kante fasen

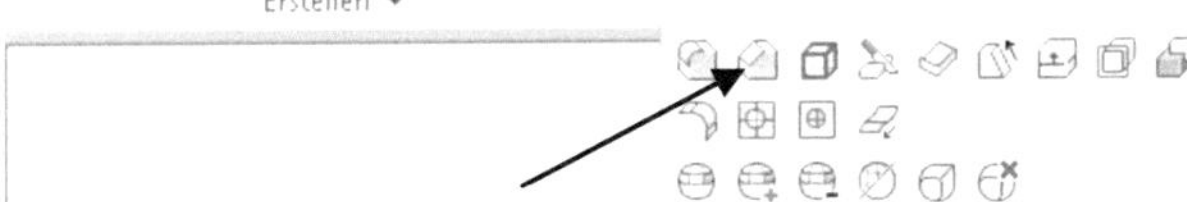

Kanten wählen

Kanten mit Fasen

* Erzeugt Fasen an Volumenkörperkanten

* [GEFASTEKANTE]

* [Kontur]: Fasen aller Kanten einer Fläche
* [Entfernung]: Abstand Fasen- zu Volumenkörperkante

6.2.2.4 Fasen der restlichen Maschinen

Auch hier wird nicht die Ecke zweier sich schneidender Linien, sondern die Kante zweier sich schneidender Flächen gefast. In der folgenden Übung sollen die vier markierten Kanten der der Maschine **Kästen auf Paletten heben** gefast werden.

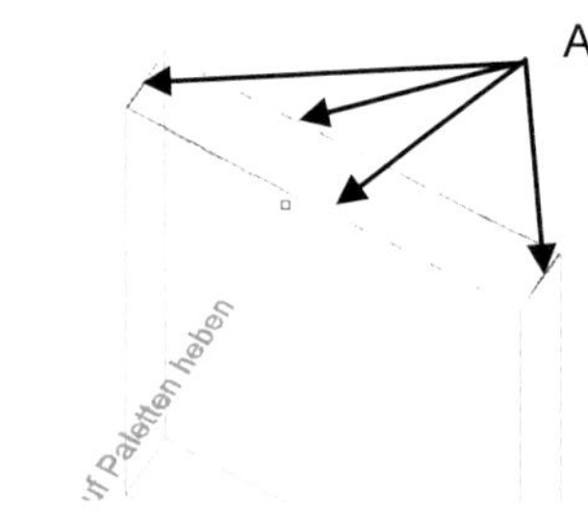

Kanten wählen

Objekt wurde gefast

* **Kante fasen**
* (Befehlsgruppe: Ändern)
* Option: [Abstand]
* [Enter]
* Abstand1: [50]

* [Enter]
* Abstand2: [50]
* [Enter]
* Zu fasende Kanten wählen (A)
* [Enter] > [Enter]

Wiederholen Sie den Befehl mit identischen Werten bei den folgenden Maschinen:

* **Flaschen in Kästen heben**
* **Flaschen aus Kästen heben**

* **Flaschenkontrolle/ Selektion** (2x)
* **Kastenwaschmaschine**

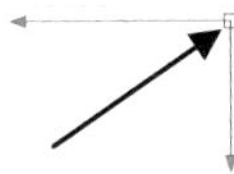

> **HINWEIS**: Nach der Auswahl der zu fasenden Kanten und der ersten Bestätigung der Auswahl [Enter], erscheint das links stehende Symbol. Ziehen Sie an den blauen Pfeilen um die Fase zu bearbeiten.

6.2.2.5 Importieren der Zeichnung: 3D-Transportsystem

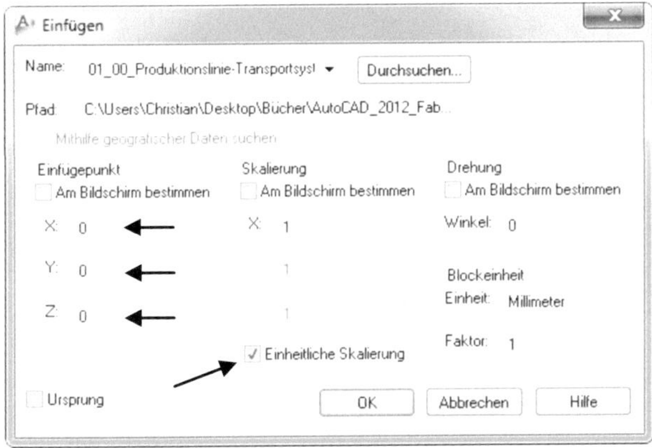

Befehlsoptionen *Einfügen*

Fügen Sie anschließend das 3D-Transportsystem in die Zeichnung ein.

Dieses ist bereits als fertige Datei vorhanden (Download-Ordner). Wechseln Sie in das Register *Einfügen* und importieren Sie die folgende Datei als *Block* in Ihre Zeichnung.

- *Einfügen*
- Durchsuchen...
- (Aus dem Download-Ordner)
- Dateiname: *01_00_Produktionslinie-Transportsystem-3D.dwg*
- Restliche Optionen wie oben dargestellt übernehmen
- OK

> **HINWEIS**: Sollte die Position eines importierten Blocks von der hier dargestellten Position abweichen, verschieben Sie diesen Block auf die korrekte Position. Ein Vergleich mit dem Original ist in der Datei *00_00_Gesamt-3D.dwg* (Download-Ordner) möglich.

6.2.3 Befehlsgruppe: LAYER & ANSICHT

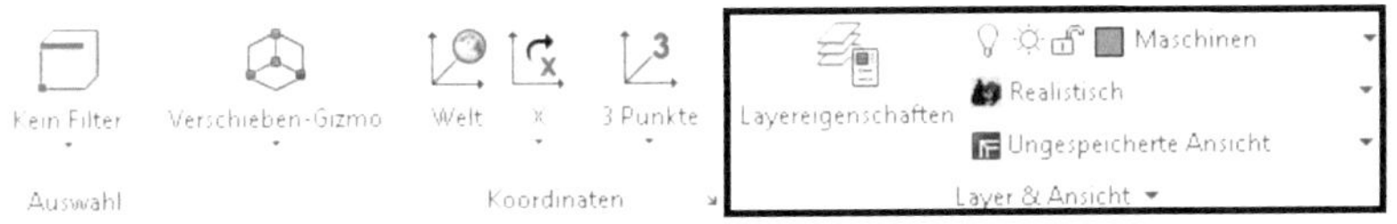

Die Befehlsgruppe *Layer & Ansicht* enthält bereits bekannte Befehle aus dem 2D-Arbeitsbereich *Zeichnung & Beschriftung* > *Start* > *Layer*.

6.2.3.1 Ändern des visuellen Stils von 2D-Drahtkörper auf Realistisch

Arbeiten Sie möglichst im visuellen Stil *2D-Drahtkörper*. Dieser Stil entlastet das Programm, Ihren Rechner und ermöglicht ein schnelles und störungsfreies Arbeiten. Eine plastische Darstellung unserer 3D-Zeichnung erreichen wir hiermit allerdings nicht. Wechseln Sie im Register *Start* den *visuellen Stil* auf *Realistisch*.

Ansicht *2D-Drahtkörper*

Ansicht *Realistisch*

6.2.3.2 Importieren der Zeichnung: Fabrikhalle

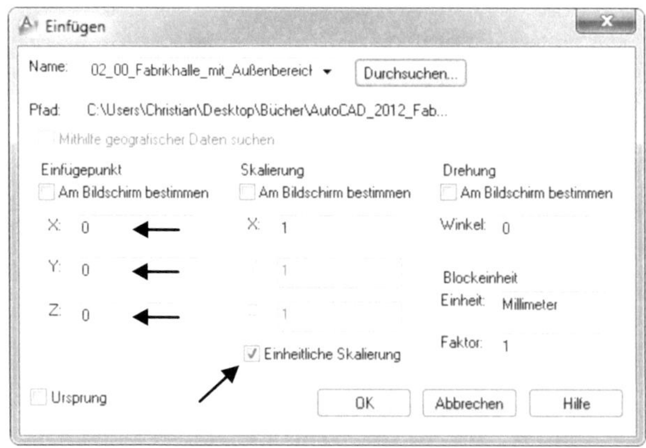

Befehlsoptionen *Einfügen*

Mit den Maschinen und dem Transportsystem ist die Produktionslinie komplett.

Wechseln Sie ins Register *Einfügen* und importieren Sie die vorgefertigte *Fabrikhalle* mit *Außenbereich* als *Block* in Ihre Zeichnung (Download-Ordner).

- 🗐 ***Einfügen***

- `Durchsuchen...`

- (Aus dem Download-Ordner)

- Dateiname: ***02_00_Fabrikhalle_mit_Außenbereich-3D.dwg***

- Restliche Optionen wie dargestellt übernehmen

- `OK`

HINWEIS: Wechseln Sie in den 2D-Arbeitsbereich ***Zeichnung & Beschriftung*** und blenden im Register ***Parametrisch*** 🗗 ***alle Abhängigkeiten aus***.

Zurück im 3D-Arbeitsbereich ***3D-Grundlagen*** aktivieren Sie den visuellen Stil ***2D-Drahtkörper*** und aktivieren den Layer ***Regale*** (Befehlsgruppe ***Layer & Ansicht***).

6.2.3.3   Befehlsgrundlagen: Extrusion (BG: ERSTELLEN)

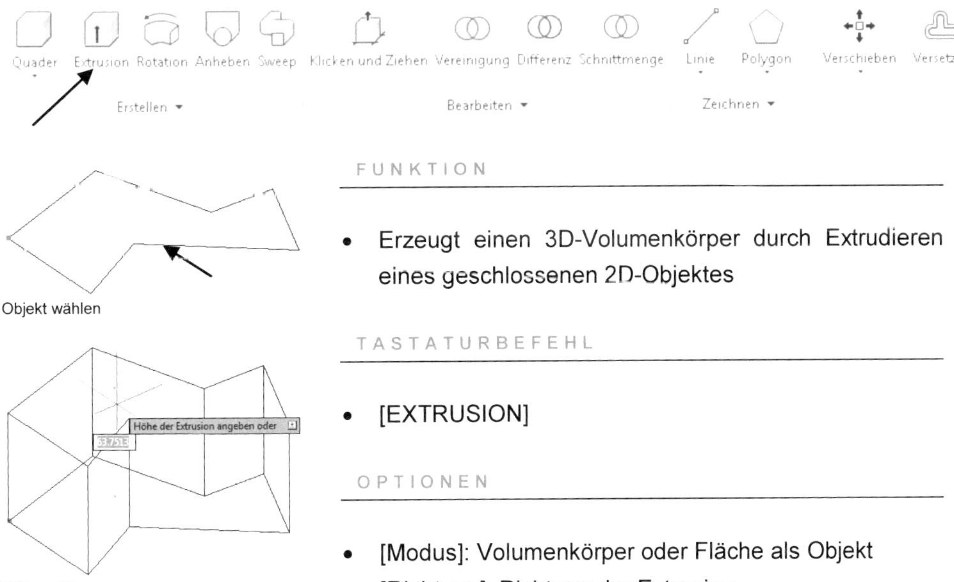

FUNKTION

- Erzeugt einen 3D-Volumenkörper durch Extrudieren eines geschlossenen 2D-Objektes

TASTATURBEFEHL

- [EXTRUSION]

OPTIONEN

- [Modus]: Volumenkörper oder Fläche als Objekt
- [Richtung]: Richtung der Extrusion
- [Pfad]: Extrusion entlang eines Richtungspfades

6.2.3.4 Extrudieren der Regale

Neben der Möglichkeit geometrische Objekte mit der Befehlsgruppe *Erstellen* zu erzeugen, können vorhandene 2D-Elemente verwendet werden, um daraus 3D-Elemente zu erstellen.

Die zuletzt importierte Zeichnung beinhaltet die folgend markierten Regale, welche in der nächsten Übung ⓘ *extrudiert* und somit in 3D-Objekte konvertiert werden sollen.

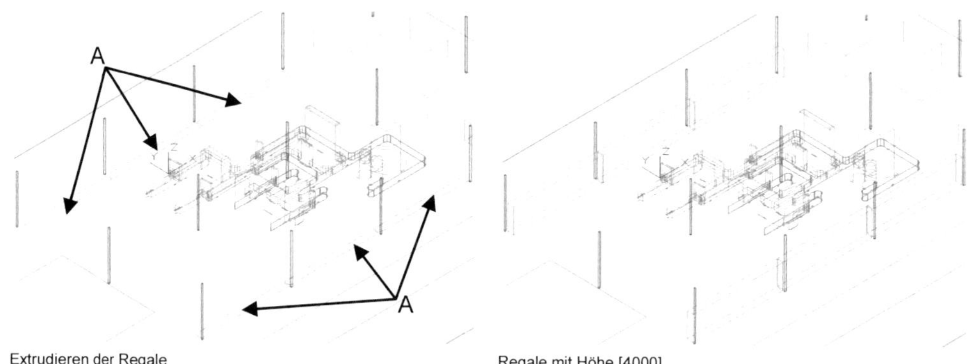

Extrudieren der Regale

Regale mit Höhe [4000]

- ⓘ *Extrusion*
- (Befehlsgruppe: Erstellen)
- Markierte sechs Regale wählen (A)

- [Enter]
- Höhe der Extrusion: [4000]
- [Enter]

HINWEIS: Um einen *Volumenkörper* zu erhalten, muss das zu extrudierende 2D-Objekt *geschlossen* sein. Ist dies nicht der Fall, wird anstelle des Volumenkörpers ein *Flächenelement* erzeugt. Hier werden lediglich die Objektlinien extrudiert (m = 0).

Der Befehl ⬚ *Klicken und Ziehen* funktioniert ähnlich wie der Befehl *Extrusion*. Hier werden die 2D-Objekte allerdings nicht an der Objektkante des 2D-Objektes aktiviert, sondern es muss ein Bereich innerhalb des geschlossenen 2D-Objektes gewählt werden.

6.2.3.5 Befehlsgrundlagen: Rotation (BG: ERSTELLEN)

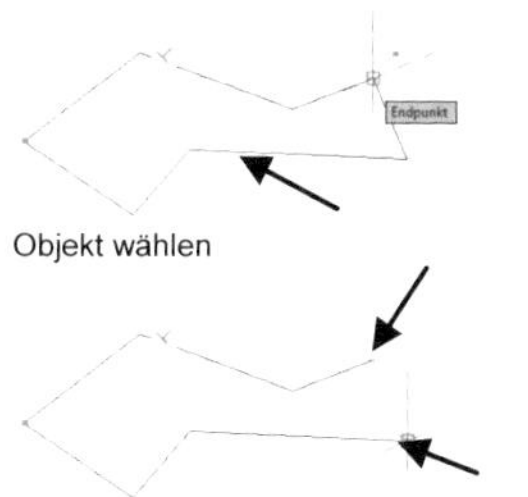

Objekt wählen

Punkte der Rotationsachse wählen

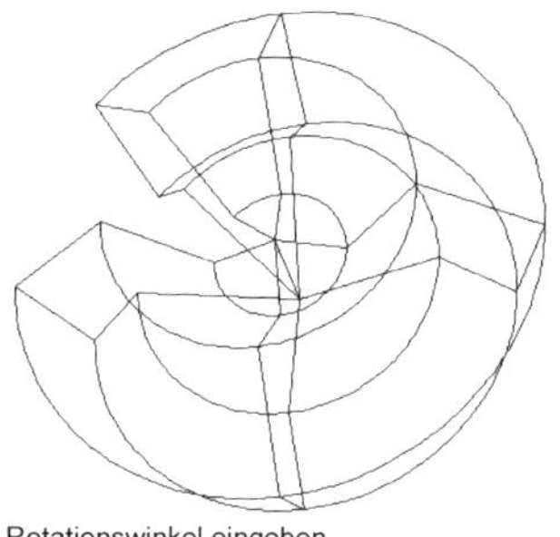

Rotationswinkel eingeben

- Erzeugt einen 3D-Volumenkörper durch Rotation einer geschlossenen 2D-Geometrie um eine Achse

- [ROTATION]

- [Modus]: Volumenkörper oder Fläche als Objekt
- [Objekt]: Objekt wählen, welches als Drehachse verwendet werden soll
- [X]: Drehen um die X-Achse
- [Y]: Drehen um die Y-Achse
- [Z]: Drehen um die Z-Achse
- [Startwinkel]: Versatzwert für Rotation

6.2.3.6   Wassertanks durch Rotation erzeugen

Aktivieren Sie den Layer **Wassertanks** und *rotieren* Sie den ersten Halbkreis.

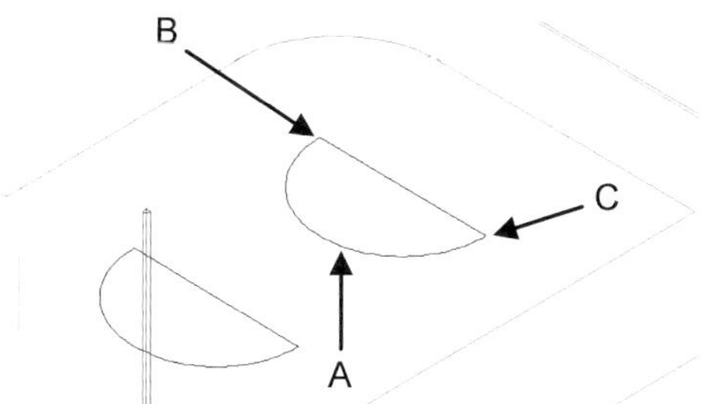

Auswahl des Rotationselements und der Rotationsachse

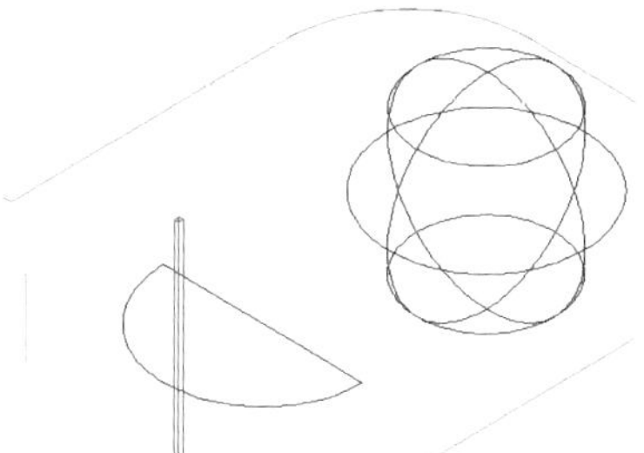

2D-Objekt wurde rotiert und in einen Volumenkörper gewandelt

- • ⬡ ***Rotation***
- • (Befehlsgruppe: Erstellen)
- • Markierten Halbkreis wählen (A)
- • Startpunkt Rotationsachse wählen (B)

- • Endpunkt Rotationsachse wählen (C)
- • Rotationswinkel wählen: [360]
- • [Enter]

Wiederholen Sie den Befehl für den zweiten Halbkreis.

6.2.3.7   Befehlsgrundlagen: Polykörper (BG: ERSTELLEN)

Ersten Punkt wählen

FUNKTION

- • Erzeugt ein Wandelement

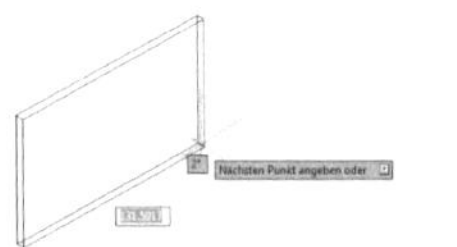

Zweiten Punkt wählen

TASTATURBEFEHL

- • [POLYKÖRPER]

OPTIONEN

Nächsten Punkt wählen

- • [Objekt]: Konvertiert ein vorhandenes Objekt in einen Polykörper
- • [Höhe]: Höhe des Polykörpers
- • [Breite]: Breite des Polykörpers
- • [Ausrichten]: Basis links, rechts oder Mittig der Zieh-kurve festlegen
- • [Bogen]: Fügt einen Bogen hinzu
- • [Schließen]: Schließt den Polykörper
- • [Zurück]: Einen Zeichenschritt zurück

Weitere Punkte wählen und Befehl beenden

6.2.3.8 Hallenwand durch Polykörper erzeugen

Aktivieren Sie den Layer **Wände** und zeichnen Sie um die vier außen liegenden Hallenpunkte (A, B, C, D) einen geschlossenen **Polykörper**.

Dieser wird eine geschlossene Außenwand von 8000 mm Höhe und 100 mm Breite bilden.

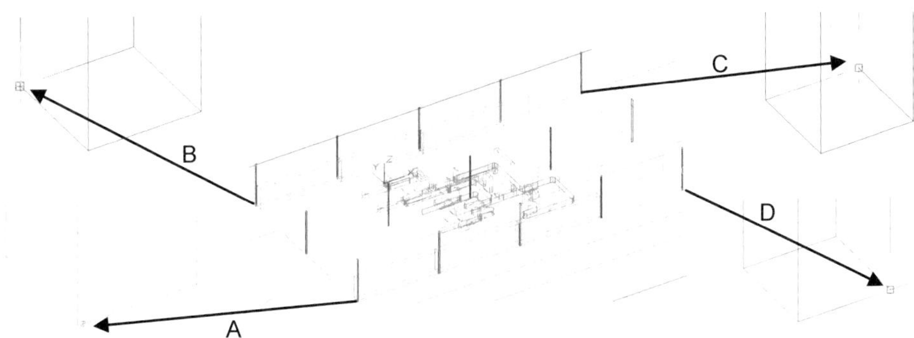

Die Gesamtdarstellung der Fabrikhalle (mittig) und die vier (vergrößert dargestellten) Eckpunkte des Außenbereiches

- **Polykörper**
- (Befehlsgruppe: Erstellen)
- Option: [Breite] > [Enter]
- Wert für Breite: [100] > [Enter]
- Option: [Ausrichten] > [Enter]
- Wert für Ausrichtung: [Rechts] > [Enter]
- Option: [Höhe] > [Enter]

- Wert für Höhe: [8000] > [Enter]
- Startpunkt der Polylinie festlegen (A)
- Nächsten Punkt festlegen (B)
- Nächsten Punkt festlegen (C)
- Nächsten Punkt festlegen (D)
- [S] > [Enter]

HINWEIS: Die gezeichnete 2D-Polylinie beschreibt den Verlauf des Polykörpers. Lage, Breite und Höhe des 3D-Objektes, werden in den Befehlsoptionen definiert.

6.2.3.9 Importieren der Zeichnung: Fuhrpark

Der Fuhrpark (2 x LKW, 2 x Gabelstapler) sind bereits als fertige Zeichnung vorhanden und sollen im folgenden Schritt als ⌧ **Block** importiert werden. Wechseln Sie ins Register **Einfügen** und importieren Sie den Block **03_00_Fuhrpark.dwg**.

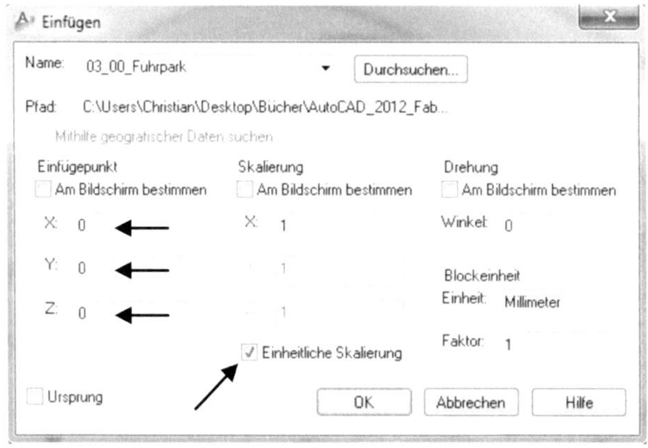

Befehlsoptionen *Einfügen*

- ⌧ **_Einfügen_**
- Durchsuchen...
- (Download-Ordner)
- Dateiname:
  03_00_Fuhrpark.dwg
- Restliche Optionen wie dargestellt übernehmen
- OK

6.2.3.10 Bearbeiten der bestehenden Hallenwand

Die Außenwand ist eine geschlossene Kontur. Um die Eingänge der LKW etwas realistischer zu gestalten, sollen in diesem Bereich zwei Öffnungen (Hallentore) in die Außenwand geschnitten werden.

Drehen Sie die Ansicht wie im folgenden Bild dargestellt. Zeichnen Sie danach einen ⬜ **Quader** an der markierten Position (A).

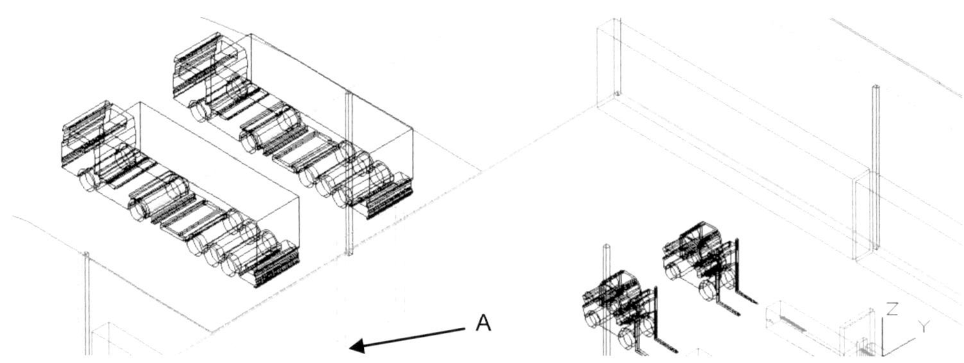

Erzeugen eines neuen Quaders an der markierten Position

- 🖵 ***Quader***
- Startpunkt (ca.) an markierter Position setzen (A)
- Option: [Länge] > [Enter]
- Wert für Länge: [3500]

- [Enter]
- Wert für Breite: [500]
- [Enter]
- Wert für Höhe: [5000]
- [Enter]

Den Quader an den mittig zwischen beiden LKW sitzenden Hallenpfeiler (B) ⊹ ***verschieben***.

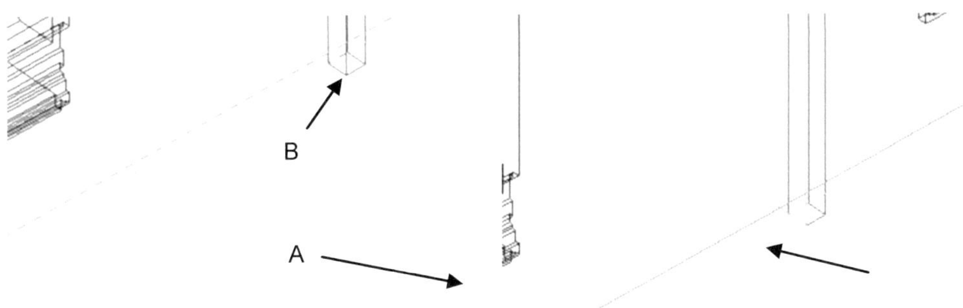

Start- und Zielpunkt der Verschiebung

Quader wurde verschoben

- ⊹ ***Verschieben***
- Objekt wählen (Quader)
- [Enter]

- Basispunkt der Verschiebung wählen (A)
- Zielpunkt der Verschiebung wählen (B)

Um den Quader (entlang der Außenwand) in Richtung des unteren LKW um 1600 mm zu verschieben, sollen zwei Eckpunkte des Quaders als Referenz dienen.

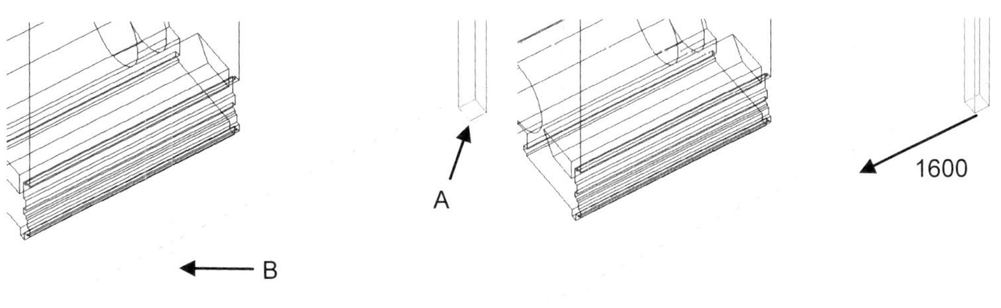

Start- und Referenzpunkt der Verschiebung

Quader wurde um [1600] verschoben

- ✣ ***Verschieben***
- Objekt wählen (Quader)
- [Enter]
- Basispunkt wählen (A)

- Maus auf Referenzpunkt halten (B) (ohne zu klicken)
- Werteingabe: [1600]
- [Enter]

> ***HINWEIS***: Der ***Referenzpunkt*** (B) dient lediglich zur Definition eines Richtungsvektors und darf daher nicht angeklickt werden. Die Werteingabe (bei gegriffenem Referenzpunkt), ermöglicht eine Verschiebung eines Objektes, mit festem Wert und in eine definierte Richtung.

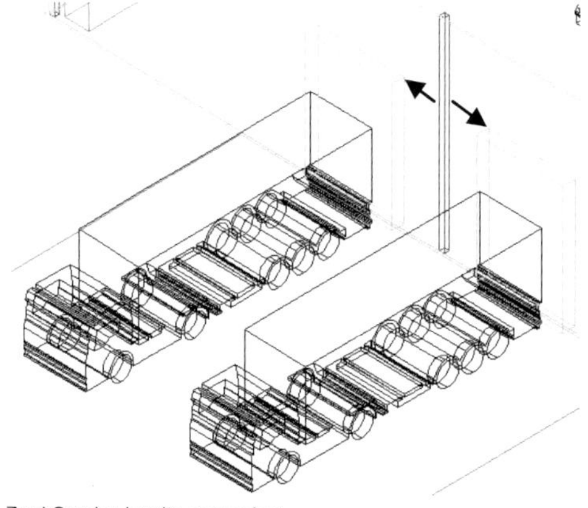
Zwei Quader, bereits angeordnet

- Erzeugen Sie einen weiteren ⬜ ***Quader*** mit identischen Maßen.

  Positionieren Sie diesen auf der anderen Seite des Hallenpfeilers, schieben Sie den Quader 1600 mm in die entgegengesetzte Richtung.

  Beide Quader sollten jetzt die Hallenwand schneiden und in etwa auf Höhe der LKW stehen (siehe linkes Bild).

6.2.4   Befehlsgruppe: BEARBEITEN

Die Befehlsgruppe ***Bearbeiten*** ermöglicht die Bearbeitung von 3D-Objekten mittels boolescher Operationen.

6.2.4.1   Befehlsgrundlagen: Differenz

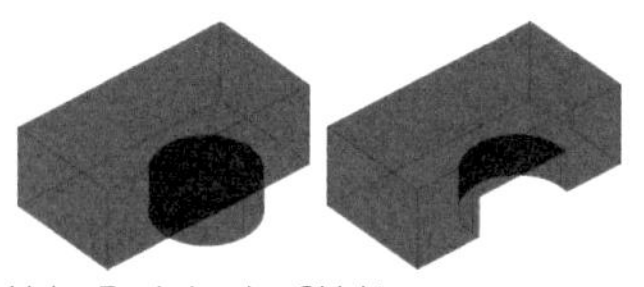

Links: Zwei einzelne Objekte
Rechts: Objekt nach Differenz

- Subtrahiert ein Objekt von einem anderen

- [DIFFERENZ]

6.2.4.2 Quader von der Hallenwand subtrahieren um zwei Tore zu erzeugen

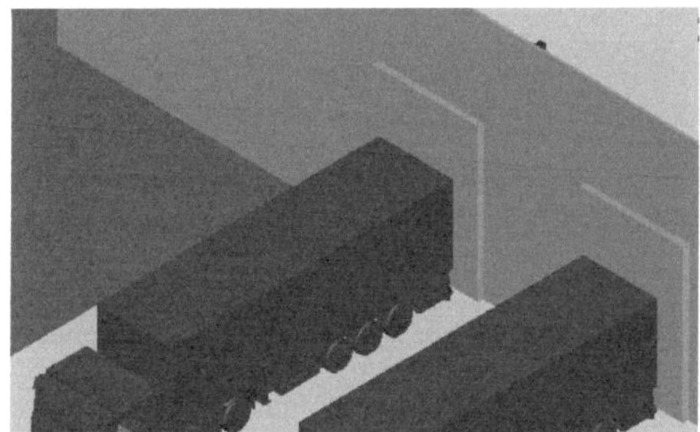

Hallenwand und Quader vor Differenz

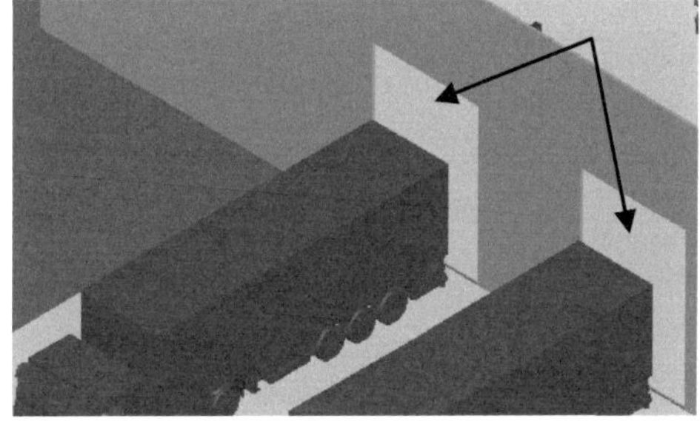

Hallenwand und Quader nach Differenz

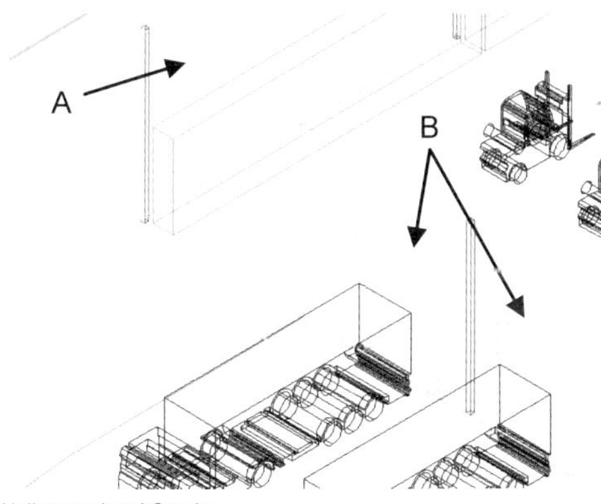

Hallenwand und Quader

Die beiden Quader sollen anschließend von der Hallenwand subtrahiert werden.

Verwenden Sie hierfür den Befehl ⟳ **Differenz**.

- ⟳ ***Differenz***
- Hallenwand wählen (A) > [Enter]
- Objekte der Subtraktion wählen (2 x Quader) (B)
- [Enter]

Wechseln Sie zum visuellen Stil **Realistisch**, um die Subtraktion sichtbar zu machen.

Erzeugen Sie weitere Objekte (**Quader**, **Zylinder**, **Kegel**, **Kugel**, **Pyramide**, **Keil** oder sonstige). Bearbeiten Sie die vorhandenen Volumenkörper beliebig und testen Sie neben dem Befehl ⟳ **Differenz** auch die Befehle ⟳ **Vereinigung** und ⟳ **Schnittmenge**.

6.3   3D-GRUNDLAGEN > Register: RENDERN
6.3.1   Befehlsgruppe: MATERIALIEN

Sie können Objekten durch Layer Farben zuweisen. Alternativ können Sie mit Materialien und Texturen arbeiten (Befehlsgruppe **Materialien**).

6.3.1.1   Befehlsgrundlagen: Materialien-Browser

Mit dem **Materialien-Browser** können Sie 3D-Objekten Materialien und Texturen zuweisen. Im unteren Bereich des Browsers finden Sie eine Listenansicht der vorhandenen Bibliotheken und eine Vorschau aller verfügbaren Materialien. Im oberen Bereich eine Übersicht über alle bereits verwendeten Materialien. Per Doppelklick auf eine der Materialien, öffnet sich der **Materialien-Editor**. Hier können Materialien bearbeitet werden.

TASTATURBEFEHL: [MATBROWSEROPEN]

6.3.1.2   Objekte mit Texturen versehen

Weisen Sie Ihren 3D-Objekten verschiedene Materialien aus dem Materialien-Browser zu.

Wechseln Sie in den visuellen Stil **Realistisch** (Befehlsgruppe **Layer & Ansicht**), um die Änderungen sichtbar zu machen.

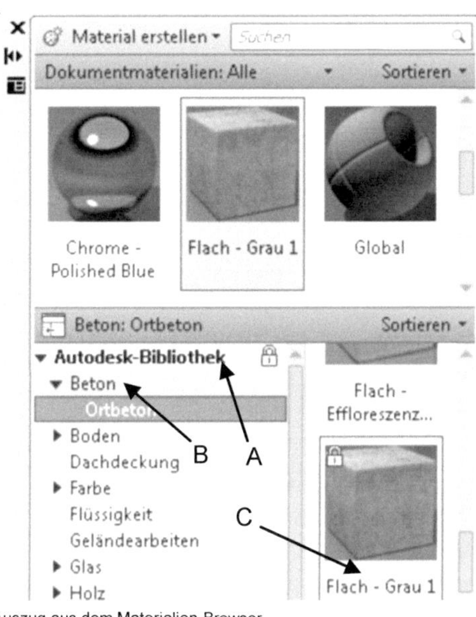

Auszug aus dem Materialien-Browser

- **⌖ _Materialien-Browser_**
- Ordner: [Autodesk-Bibliothek] aufklappen (A)
- Ordner: [Beton] aufklappen (B)
- Textur: [Flach Grau 1] (C) mit gedrückter linker Maustaste auf die Hallenwand ziehen

Die Hallenwand sollte jetzt mit der neuen Textur dargestellt werden. Durchsuchen Sie die restlichen Ordner der Bibliothek nach weiteren interessanten Texturen und versehen Sie jedes 3D-Objekt der Zeichnung mit einer Textur.

Schließen Sie den Manager anschließend.

HINWEIS: Um ein Objekt mit einer Textur aus dem ⌖ _Materialien-Browser_ zu versehen, ziehen Sie die Textur bei gedrückter linker Maustaste auf das entsprechende Objekt. Alternativ kann ein Objekt vorher markiert werden, die Textur dann anschließend gewählt werden (oder _rechte Maustaste_ > _Der Auswahl zuordnen_). Letzteres empfiehlt sich besonders bei mehreren, mit der gleichen Textur zu versehenen Objekten.

6.3.2 Befehlsgruppe: RENDERN

Mit der Befehlsgruppe _Rendern_ stellen Sie Qualität, Bildgröße, Speicherort und weitere Optionen für das Rendern ein.

6.3.2.1 Befehlsgrundlagen: Rendern

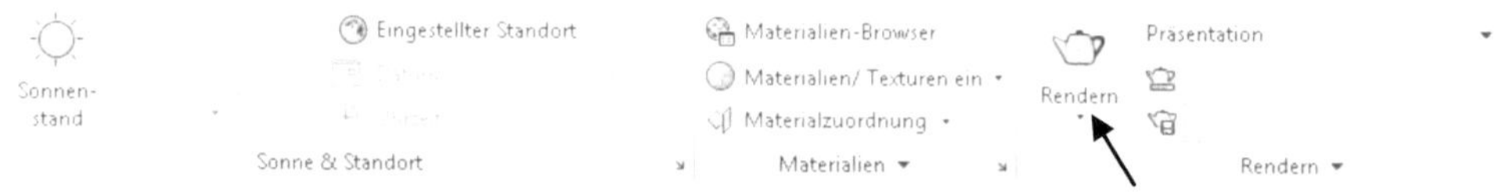

Rendern erzeugt ein qualitativ hochwertiges, realistisches Bild unter Verwendung der Randbedingungen (Schatten, Beleuchtung und Materialien). Mit diesem Befehl rendern Sie die gesamte Zeichenansicht.

TASTATURBEFEHL: [RENDER]

6.3.2.2 Erzeugen einiger Render-Bilder

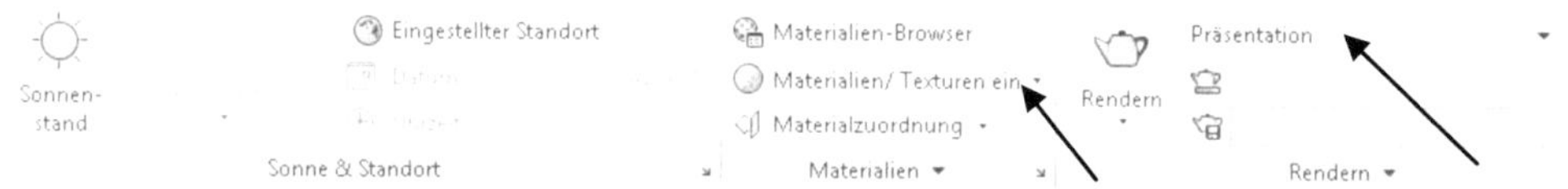

Vor dem Rendern sollten Sie noch einige Einstellungen vornehmen. Die Befehlsgruppen ***Lichter*** und ***Sonne & Standort*** enthalten diverse Optionen zur Regulierung von Licht und Schatten. Testen Sie die Möglichkeiten. Achten Sie darauf, dass in der Befehlsgruppe ***Materialien*** die Option ***Materialien/ Texturen ein*** gewählt ist.

Drehen und zoomen Sie die Zeichnung eine gewünschte Position/ Größe, stellen Sie die Render-Qualität ***Präsentation*** ein und ***rendern*** Sie das Bild anschließend in möglichst verschiedenen Ansichten.

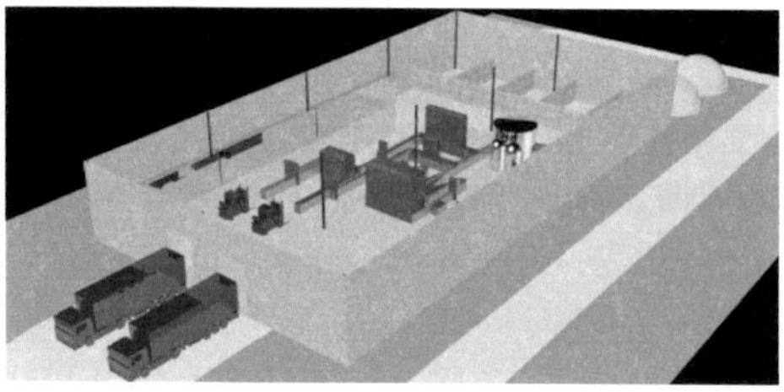

- ***Rendern***
- ***Datei*** > ***Speichern*** (Renderfenster)
- Dateiname: [Bild_1]
- Dateityp: *.jpg
- Speichern

Speichern und [x] schließen Sie die Datei abschließend.

Wir hoffen dass Ihnen der Einblick in das Programm gefallen hat. Vielen Dank.

Q

R

S